高等院校人工智能设计系列教材

# Stable Diffusion
# AI 艺术设计与绘画

## Stable Diffusion
## Art Design and Painting on AI

俞浩萍　刘岚　梁伟　编著

中国电力出版社
CHINA ELECTRIC POWER PRESS

## 内容提要

AI 绘画是人工智能技术的一个重要应用，不仅可以应用于艺术创作，还可以在设计、影视、游戏等多个领域发挥重要作用。本书主要讲解 Stable Diffusion AI 绘画方法，全面阐述 AI 的定义、发展历程及现状，帮助读者了解 AI 绘画的本质与精髓，介绍 Stable Diffusion AI 绘画在艺术设计各个领域的应用，让读者对 AI 绘画的潜力有深入的认识。本书详细讲解 Stable Diffusion AI 的原理，包括其核心算法、训练过程以及优化方法。全书从安装环境、配置参数、训练模型到绘制图像，逐步指导读者完成 AI 绘画的创作。通过一些具体的案例，深入剖析 AI 绘画在实际应用中的优势和局限。

本书适用于高等院校与高职高专院校艺术设计专业 AI 艺术表现课程教材，同时也是艺术设计各行业领域设计工作者、美术爱好者的重要参考读物。

**图书在版编目（CIP）数据**

Stable Diffusion AI 艺术设计与绘画 / 俞浩萍，刘岚，梁伟编著 . -- 北京：中国电力出版社，2025. 3.（高等院校人工智能设计系列教材）. -- ISBN 978-7-5198-9804-5

Ⅰ. TP391. 413

中国国家版本馆 CIP 数据核字第 20252WJ885 号

---

出版发行：中国电力出版社
地　　址：北京市东城区北京站西街 19 号（邮政编码 100005）
网　　址：http://www.cepp.sgcc.com.cn
责任编辑：王　倩（010-63412607）
责任校对：黄　蓓　于　维
书籍设计：锋尚设计
责任印制：杨晓东

---

印　　刷：北京九天鸿程印刷有限责任公司
版　　次：2025 年 3 月第一版
印　　次：2025 年 3 月北京第一次印刷
开　　本：889 毫米 ×1194 毫米　16 开本
印　　张：10.25
字　　数：303 千字
定　　价：65.00 元

---

# 前 言

在科技的飞速发展下，人工智能已经渗透到我们生活的方方面面。从智能语音助手到自动驾驶汽车，人工智能正在不断突破我们的想象极限。Stable Diffusion 是一种基于深度学习技术的图像生成大模型平台，它能够根据用户输入的文本描述，生成高质量、高分辨率的图像。这项技术的出现，不仅为人工智能领域带来了前所未有的突破，更为各行各业带来了巨大的影响。

本书是为零基础读者量身定制的深度学习 Stable Diffusion 图像生成技术的专业书籍，从基础知识到进阶技巧，再到实际应用案例，全方位介绍 Stable Diffusion 模型的原理、应用和实际操作方法。

首先，本书向读者阐述了图像生成技术在计算机视觉领域的重要性；然后，简要介绍了 Stable Diffusion 模型的背景、发展历程及其在图像生成领域的应用；其次，逐步介绍基础知识，包括神经网络、激活函数、反向传播算法等，这些是理解 Stable Diffusion 模型的基础。此外，本书还涵盖了计算机视觉领域的相关知识，如图像处理、目标检测等，比较分析了模型的优势和局限性，让读者对 Stable Diffusion 模型有全面认识。书中介绍了许多进阶技巧，包括模型优化、训练加速、模型融合等，可使读者在学习后进一步提高制作模型的能力，实现更高质量的图像生成。最后，本书对 Stable Diffusion 模型在未来的发展趋势进行了展望。

学习 Stable Diffusion 需要注重方式方法，强化以下方向就能事半功倍。

## 1．理解扩散模型

要掌握 Stable Diffusion 学习方法，首先需要理解扩散模型。扩散模型由一个正向过程和一个逆向过程组成。正向过程是逐步引入噪声的过程，而逆向过程则是逐步去除噪声的过程。在 Stable Diffusion 模型中，这两个过程都是通过神经网络来实现的。

## 2．学习逆向扩散过程

在 Stable Diffusion 模型中，逆向扩散过程是生成图像的关键。这个过程主要表现为通过神经网络估计给定噪声样本生成原始图像的概率，要求模型能够学习到图像的内在结构和信息，从而能够在去除噪声的同时，保留图像的细节和特征。

### 3．训练神经网络

训练 Stable Diffusion 模型需要大量的图像数据和计算资源。在训练过程中，神经网络需要学习如何将噪声逐步还原为原始图像。这个过程可以通过损失函数来衡量模型的性能，常见的损失函数包括对抗损失和生成损失。

### 4．实践应用

掌握了 Stable Diffusion 模型的理论知识后，接下来就是如何在实际应用中使用这一模型，可以尝试使用已训练好的模型来生成新的图像，或者对已有图像进行修改和增强。此外，还可以通过调整模型的参数来优化生成图像的质量。

本书是一本内容丰富、结构清晰的 Stable Diffusion 教程，适合零基础读者学习和参考。读者可以深入了解图像生成技术，掌握 Stable Diffusion 模型的原理和应用，并在实际项目中发挥其强大功能。无论是刚接触深度学习的学生，还是从事计算机视觉研究的专业人士，都可以从本书中获得宝贵的知识和技能。

编者

2025.1

# 目 录

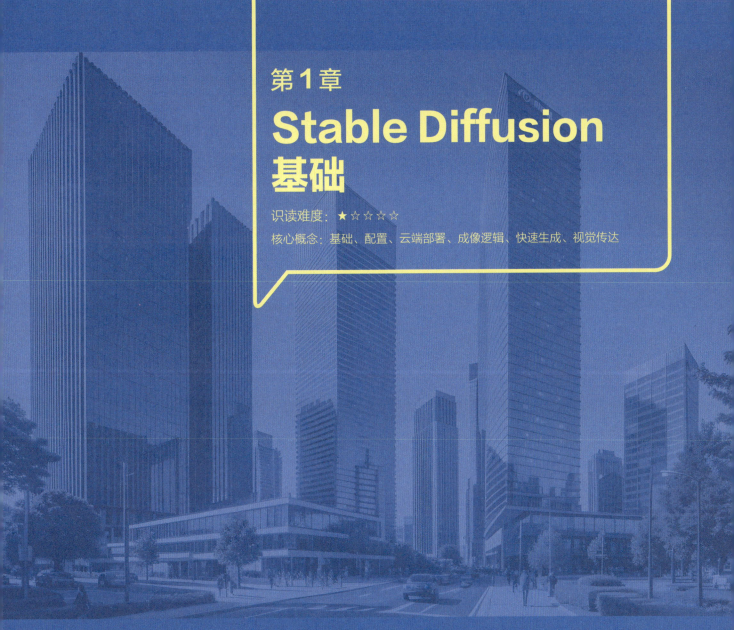

第1章
# Stable Diffusion 基础

识读难度：★☆☆☆☆

核心概念：基础、配置、云端部署、成像逻辑、快速生成、视觉传达

图1-1　Stable Diffusion生成建筑场景效果图

**本章导读**

在人工智能技术快速发展的背景下，图像生成领域见证了多种生成模型的涌现。Stable Diffusion模型因其在技术上的独到之处和创新性，在图像合成社区中获得了大量关注。本章主要阐述Stable Diffusion的核心理念，以便读者能够掌握其基本工作原理及其实际应用场景。通过学习本章，读者将能够掌握如何利用该模型高效地创作艺术作品，并构建AI辅助创作的框架，进一步增强对Stable Diffusion用户界面的熟悉度。在图像编辑、艺术创作、游戏开发等多个领域中，读者能快速将Stable Diffusion技术应用于实践（图1-1）。

## 1.1 AI基础

AI是AIGC（Artificial Intelligence Generated Content）的简称，指人工智能生成内容，是一种利用人工智能技术生成内容的创作形式。AI绘画是一种通过人工智能来进行图像生成的技术，其工作原理是通过训练深度神经网络，让计算机学习大量的图像数据，使其具备了生成原创艺术作品的能力（图1-2）。

早在20世纪60年代，就已经有人开始使用电脑程序进行绘画创作，如英国艺术家哈罗德·科恩（Harold Cohen）开发的计算机程序AARON，通过控制机械臂的方式在纸上进行作画（图1-3）。随着计算机视觉和深度学习技术的发展，AI绘画在2012年之后发展迅速，各种网络模型如GAN（生成对抗网络）等被提出并应用于艺术绘画领域。目前，比较热门的AI绘画软件包括Stable Diffusion、Midjourmey、DALL·E3、文心一言等（图1-4～图1-7）。

**图1-4 Stable Diffusion界面**
Stable Diffusion界面参数设置较复杂，但是功能强大，是本书详细讲解的重点软件

**图1-2 二次元画风的路边酒馆**
二次元画风一直是年轻人追逐的潮流，以其独特的表现形式和丰富的创意内容，吸引了大量的观众，也是AI绘画的主要创作对象。这幅图在摄影照片的基础上，通过AI大模型生成具有二次元画风的图片，适用于动漫创作背景

**图1-5 Midjourmey界面**
Midjourney界面设计独特，具有智能对话功能，方便用户快速上手，智能对话功能使交流更加自然、顺畅，满足用户在生活、工作中的多样化需求

**图1-3 英国艺术家哈罗德·科恩**
哈罗德·科恩是一位在伦敦出生的艺术家，他的名字经常与计算机艺术、算法艺术以及生成艺术联系在一起，他被广泛认为是这些领域的先驱。自20世纪60年代起，他开始研究如何利用计算机软件和智能工具来创造绘画图像。他创造了AARON绘图系统，并不断地优化和完善这个软件

**图1-6 DALL·E3界面**
在DALL·E3界面中，使用者能调整色彩、形状、比例等参数，实现对艺术作品的个性化定制，能生成符合用户需求的个性化艺术作品

**图1-7　文心一言界面**
文心一言界面主要为用户提供文字表达和创作体验，更多倾向于文字处理与词汇表意辨识

**图1-8　扁平画风儿童插画**
扁平化画风儿童插画以其简洁明了的线条、鲜明活泼的色彩、极具辨识度的形象以及寓教于乐的特点，展现了独特的艺术魅力与特色，能为儿童提供更多优质的艺术作品

# 1.2　Stable Diffusion介绍

Stable Diffusion是由StabilityAI、CompVis与Runway合作开发，于2022年7月发布的一款基于潜在扩散算法的图像生成模型，能够在消费级显卡上生成高质量且稳定可控的图像。相比目前其他的AI绘画软件，Stable Diffusion开源免费，生成图像受控度较高且细节精良，模型、插件丰富多样，更新速度快，可以根据自己的需要来进行选择，在自由度和普及率上非常优秀（图1-8、图1-9）。

## 1.2.1　配置要求

安装Stable Diffusion对电脑的配置有一定要求，打开电脑的任务管理器，切换到性能标签页，在此可以看到电脑硬件的配置和使用情况。

**1. 显卡**

AI绘画对显卡性能的要求较高。显卡显存越大，生成高分辨率画面的速度越快。Mac电脑和AMD显卡的电脑是通过CPU来渲染图片的，速度相对显卡来说较慢。因此，想要高效运行Stable Diffusion，最好配置

**图1-9　二次元人物头像插画**
二次元人物头像插画线条流畅优美，展现了大模型对人物形象的汇集。色彩鲜艳丰富，对比鲜明，为人物头像赋予了鲜明的个性和情感

显存8GB及以上的独立显卡，推荐搭配NVIDLA显卡的Windows操作系统，能稳定输出高清图片（见图1-10）。

**2. CPU**

CPU是影响Stable Diffusion 运行效率的关键因素，要能与显卡相匹配。强大的CPU能够在电脑执行多项任

务时，确保AI绘图的作业与其他任务同时进行而互不干扰。推荐选用intel酷睿13代i5或AMD-R7-7代或更高的CPU（见图1-11）。

### 3. 内存

Stable Diffusion对内存速度的要求并不严苛，但对于内存容量的需求却较为庞大。为了能够流畅处理大规模的数据集和复杂的模型参数，内存配置至少为16GB。对于那些执行更为复杂的并行任务或处理海量数据集的使用场景，推荐32GB或更大的内存（见图1-12）。

### 4. 硬盘

选择适合的SSD固态硬盘。Stable Diffusion下载的模型文件和训练数据需要相当大的存储空间，占用较多的硬盘容量。应保留20GB以上的硬盘空间，来维持软件的正常运行，如果需要下载更多模型及插件，则需要留出至少30GB的硬盘空间（见图1-13）。

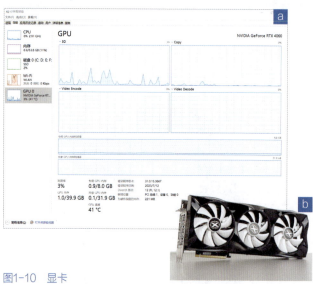

**图1-10 显卡**

（a）显卡系统界面；（b）显卡硬件。显存越小，生成时间会相应变长，如果一次生成的分辨率过高，可能出现爆显导致的画面故障、运行卡顿，显存最低不应少于8GB

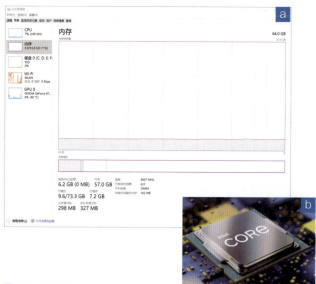

**图1-11 CPU**

（a）CPU系统界面；（b）CPU硬件。CPU是计算机运行的核心，是影响Stable Diffusion运行速度的关键因素，防止出现卡顿、死机等情况

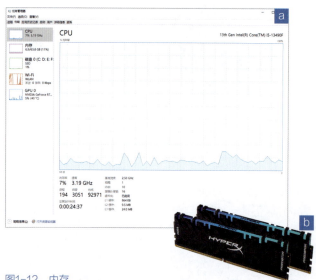

**图1-12 内存**

（a）内存系统界面；（b）内存硬件。在内存比较小的情况下，可以设置虚拟内存，来维持软件运行

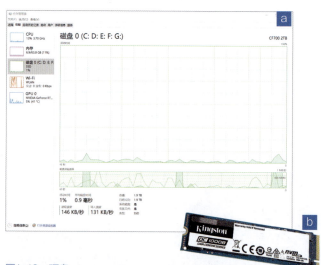

**图1-13 硬盘**

（a）硬盘系统界面；（b）硬盘硬件。硬盘主要用于存放Stable Diffusion本体和各种下载模型，模型对储存空间的要求十分大，应尽量选择空间充裕的硬盘进行存放

## 1.2.2 安装流程

安装Stable Diffusion WebUI程序，应从官方渠道获取，对Stable Diffusion进行本地部署和安装。这种方法比较复杂，要求对Python的运行环境比较了解。如果想要使用这种方法在本地安装Stable Diffusion，需要下载并安装Python和Git两个程序，可登录github.com获得安装方法。

目前，网络上已经有配置好Stable Diffusion各种程序和插件的整合包，可以直接从国内网站进行下载，并按照安装流程进行操作，比较方便。下面介绍Stable Diffusion整合包的安装方法。

### 1. 安装运行依赖

将安装包下载到剩余空间较大的硬盘，解压完成之后打开文件夹，双击"启动器运行依赖-dotnet-6.0.11.exe"应用程序，弹出安装程序窗口，点击"安装"，安装依赖程序。

### 2. 粘贴Conctronet模型

将下载的可选Conctronet用模型粘贴到"sd-webui-aki-v4.6.1\models\ControlNet"文件夹中，如果空间太小或没有使用ControlNet插件的需要，可以不下载该模型，将这一步忽略。

### 3. 启动程序

双击"sd-webui-aki-v4.6.1"文件夹中的启动器，弹出可视化页面。点击右下角的"一键启动"，出现控制台窗口，等待一段时间后即可出现Stable Diffusion操作界面，表明Stable Diffusion WebUI正确运行（图1-14）。

**图1-14 Stable Diffusion启动界面**
Stable Diffusion启动界面分为多个功能板块，功能丰富，界面十分简洁实用，可以在这里对程序版本、参数配置、模型插件进行调整

### 1.2.3 云端部署平台

Stable Diffusion对电脑配置要求较高，如果电脑配置无法维持程序运行，或是认为环境部署和各种插件的安装过于麻烦，使用云端部署的方式可以很好地解决问题。如果没有较高的硬件配置，可以在AutoDLAI算力云平台上购买GPU算力，快速使用Stable Diffusion（图1-15）。

（1）打开云端网址https://www.autodl.com，点击"立刻注册"，绑定手机号码进行注册。完成后跳转到主页，在页面右下方费用信息中进行充值，再点击页面左侧的"容器实例"（图1-16）切换到下一界面。

（2）进入容器实例列表页面后，点击"创建新实例"（图1-17）。

图1-15　AutoDLAI算力云平台主页
AutoDLAI算力云平台与其他云端算力平台相比性价比较高，算力产品丰富

图1-16　准备工作
充值完成后点击左侧板块的容器实例，切换到下一个界面

图1-17　创建新实例
准备工作完成后，就可以进入算力市场选择需要的算力服务

（3）跳转到实例创建页，计算方式选择按量计费，若只在特定时间段使用Stable Diffusion，可选择其他几种方式。地区一般选择离自己最近的，GPU型号可根据需要选择，硬盘容量至少可扩容30G，镜像选择"社区镜像"（图1-18）。

（4）界面滑到下方的镜像板块，选择社区镜像，在搜索栏中输入"webui"，最上方显示热门镜像，质量较好，推荐使用。选择完成之后，点击右下方的"立刻创建"（图1-19）。

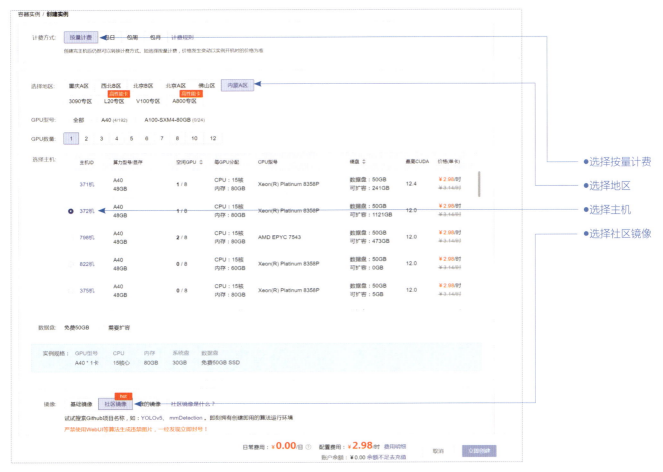

**图1-18　选择实例规格**
按照计费方式、地区、显卡型号筛选可供租用的机器，按照自己的需要选择对应类型，为满足下载更多模型的需要，可以选择可扩容数据盘

**图1-19　选择镜像**
社区镜像中有许多其他用户创建好的镜像，配置不同的插件及运行方法，根据需求进行选择

（5）实例创建完成后，跳转到实例部署的页面，在页面列表中可以看到实例的各项参数。刚打开页面时，状态显示为"创建中"，当其成为"运行中"时，点击快捷工具"JupyterLab"（图1-20）。

（6）此时跳转到新页面，左侧为文件区域，右侧为代码区域（图1-21）。

（7）弹出选择内核的弹窗，选择"xl_env"。选中"第2行代码"，再次点击上面的三角符号运行代码（图1-22）。

（8）依次点击3个按钮，3个按钮都运行完成后，

图1-20　创建新实例

实例部署的页面列表呈现实例的各项数据，进行查看

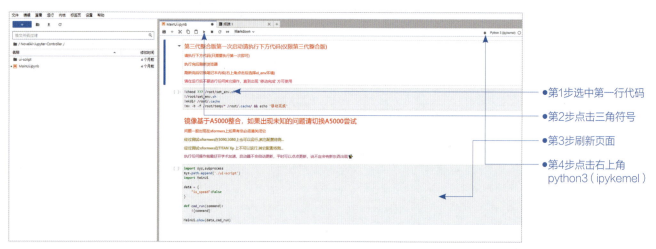

图1-21　页面操作流程

根据页面中的提示依次点击相应按钮，进行操作。第一段代码执行完成后必须刷新浏览器，否则无法生效

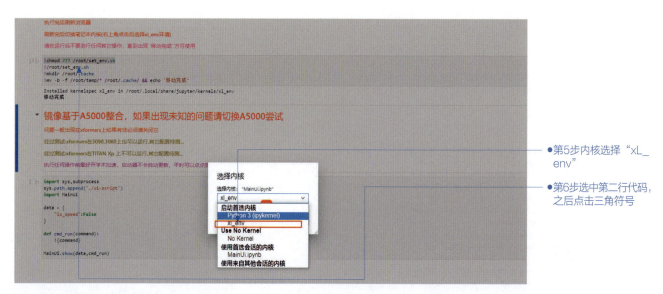

图1-22　执行第二段代码

执行第二段代码，参考第一段代码的执行步骤进行操作

点击右上方"启动Web UI"。之后跳转到启动WebUie的tab页面，根据实际需要调整各选项，设置完成后点击运行"启动Web UI"（图1-23）。

（9）启动程序自动部署，等待运行成功。当代码中出现蓝色字体"http://127.0.0.1: 6006"时，说明运行成功（图1-24）。

（10）返回实例部署页面，在实例列表中找到"自定义服务"，并进行点击，在弹出的窗口中单击"访问"。此时会自动打开WebUI界面，进行登录即可开始使用（图1-25）。

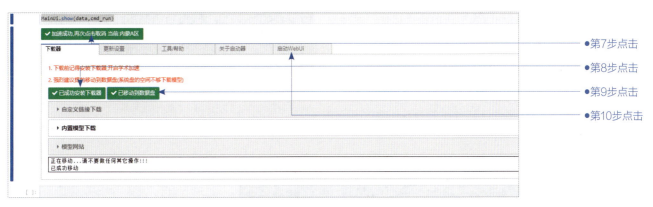

图1-23 运行Web UI
按照顺序依次点击三个按钮，点击完成后变为绿色，此时即可正式运行Web UI

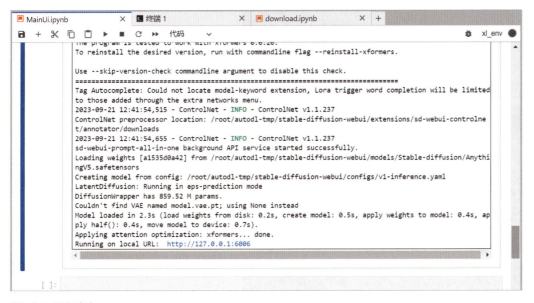

图1-24 运行成功
按照顺序依次点击三个按钮，点击完成后变为绿色，此时即可正式运行

图1-25 进行访问
完成上述步骤后进行访问，最终进入Stable Diffusion Web UI

## 1.2.4　Web UI界面

　　Stable Diffusion界面功能丰富，可操作性强。界面提供了丰富的参数调整选项，用户可以根据需求自由操控图像生成，从而实现不同的视觉效果，满足各种场景的应用需求。无论是专业人士还是业余爱好者，都能在Stable Diffusion界面中找到适合自己的使用场景，发挥其强大的图像生成能力。

　　Stable Diffusion界面主要由8大部分组成，包括：模型设置区、功能导航区、提示词输入区、参数设置区、插件区、脚本区、按钮操作区和绘图查看区（图1-26、图1-27）。

图1-26　Web UI界面
Web UI界面包含众多功能板块，功能十分全面多样

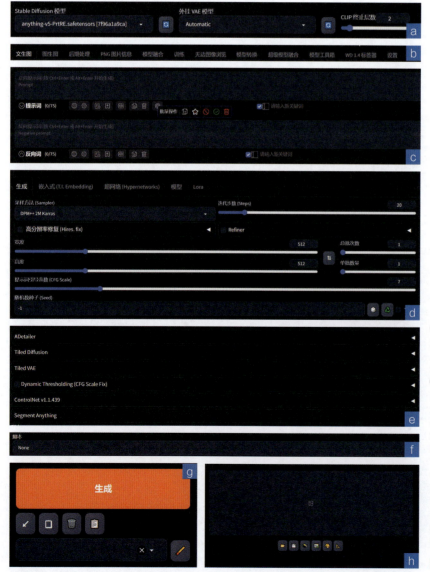

（a）模型设置区。用于选择生图所用到的模型，包括大模型、VAE模型和Clip跳过层；（b）功能导航区。用于选择不同功能，点击标签可以跳转到不同的功能板块，包括文生图、图生图、批量处理、png图片信息等；（c）提示词输入区。用于输入对生成画面的描述，包括正向提示词和负面提示词的输入区域；（d）参数设置区。用于对生成图片进行参数设置，并选择生成所用模型，参数包括采样方法、迭代步数、图片尺寸、生成批次、提示词引导系数和随机数种子等；（e）插件区。用于查看和使用插件，常用插件包括ADetailer、Tiled Diffusion（高清放大）、Tiled vae（分块放大）、ControlNet（控制）等，可以通过下载来对插件进行添加；（f）脚本区。用于查看和使用脚本，点击下拉菜单即可，可以用来制作参数对比图等效果；（g）按钮操作区。服务于提示词输入区，包括提示词参数提取，清空提示词，使用预设样式和创建预设样式等功能；（h）绘图查看区。用于查看图像的生成进度及生成结果

图1-27　Web UI界面分区

### 1.2.5　成像逻辑

Stable Diffusion是一种基于深度学习的图像生成方法。扩散指的是将一幅随机噪声图像逐渐转化为具有特定内容的图像，可以看作是图像从无到有的生成过程。相比其他扩散算法，Stable Diffusion的算法具有更强的稳定性和可控性。Stable Diffusion的成像逻辑，简单概括就是先生成随机噪声图，再经过逐步扩散和降噪变为可见的像素图像。

接下来将通过实例，讲解成像流程，介绍成像逻辑（图1-28～图1-30）。

#### 1. CLIP编码器

操作者在提示词框中输入文字后，首先传递到CLIP编码器。编码器将文字转化为Stable Diffusion可以理解的数据，经过多层处理后被传入潜空间，生成随机的噪声图片。在界面中，CLIP终止层数一共12层，即将提示词从1层一直到12层，共计处理12次，若"终止层数"设定为1是指处理12次才终止，设定为12就是处理1次

即终止。

通过设定"终止层数"可以有效控制输入提示词对最终画面效果的影响，"终止层数"数值越高，提示词的处理越含糊不清，最终得到的图像越偏离提示词的原本意义，越低则越为具体，图像离提示词的原本意义越为接近。

同样输入关键词"a girl, blue eyes, red dress, in the fields"，通过设定不同的CLIP终止层数，最终得到12种不同的画面效果（图1-28）。

#### 2. 迭代步数

根据CLIP编码器传入潜空间中的数据，Stable Diffusion开始生成随机的噪声图片。噪声图片需要经过采样器的降噪处理，从模糊的噪声图片逐渐变成清晰的图片，最终在潜空间中形成具体的图像。降噪的次数即为迭代步数，最高150，最低为0。

迭代步数的数值设定越高，图像经过的降噪处理次数越多，图像细节越丰富，画面越清晰具体；相反，迭代步数的数值设定越低，降噪处理次数越少，图像细节

（a）CLIP终止层数（1～6）。CLIP终止层数数值1～6发生的变化。第1张生成图保留了非常明显的提示词特征，只是画面效果欠佳，在此之后，连衣裙逐渐演变成为吊带裙

（b）CLIP终止层数（7～12）。CLIP终止层数数值7～12发生的变化。CLIP终止层数超过6之后，裙子颜色由红变蓝，背景也在逐渐发生变化，从田野变成花园，最终变为街道，脱离提示词的限制自由发挥

图1-28　CLIP终止层数变化

越模糊，画面越接近于原始噪声图（图1-29）。

迭代步数超过一定范围，画面效果就不会再有明显的变化，只会在细节上有所调整。此外，采样器和模型对降噪过程的影响也十分明显。

### 3. VAE解码器

潜空间生成图片之后，VAE解码器会将其解码，最终生成现实中能够看见的像素图片。Stable Diffusion界面中的外挂VAE模型，其功能就是在VAE解码器解码过程中对解码图片进行修正，包括对画面细节的细微调整，让画面整体的颜色变得更为鲜亮等，在Stable Diffusion中相当于滤镜的作用。相比其他功能，外挂

VAE模型的作用并没有那么强悍，无法对画面内容进行本质上的调整（图1-30）。

# 1.3 设计案例：快速生成图

Stable Diffusion是一种基于深度学习的生成模型，通过大量的图像数据训练，可以学习到各种风格，从而生成丰富多样的图像。画风无论是写实、抽象，还是超现实，Stable Diffusion都可以轻松实现。与传统绘画相比，Stable Diffusion绘画的优势在于其快速、高效、低成本。借助这一技术，艺术家和设

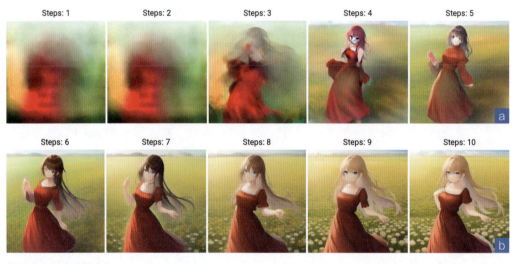

（a）迭代步数数值（1~5）迭代步数的数值1~5发生的变化。第1张生成图模糊不清，只有几团模糊的色块。经过不断的去噪，迭代步数达到第5步时人物姿态大体固定；

（b）迭代步数数值（6~10）迭代步数的数值6~10发生的变化。画面效果变化较为明显，人物五官、身体中扭曲、潦草的部分被逐渐修正，细节逐渐增多，人物的动作、外貌与画面的整体色调已基本确定

图1-29 迭代步数变化

VAE: animevae.pt

图1-30 外挂VAE模型的添加

添加VAE模型之前的画面偏灰偏暗淡，添加之后的色彩效果更加鲜亮丰富，整体饱和度提升了一个层次，明媚温馨，让人感觉如沐春风，大大增强了画面效果

计师可以轻松地实现他们的创意，更加高效地进行创作。

### 1.3.1 视觉传达设计

在视觉传达设计领域，设计作品的创意性是至关重要的。实际创作中，难免会遇到灵感枯竭、创意匮乏的时刻，因此，得力的工具是不可或缺的。Stable Diffusion可以根据使用者的输入要求来生成独特的图像，从而提供源源不断的创意灵感，生成图片的视觉效果十分丰富，可作为小说封面、海报招贴等（图1-31、图1-32）。

（a）生成原图。使用扁平画风大模型生成场景图片，营造出温暖惬意的春日氛围，适用于旅游宣传；（b）排版设计。将生成的图片插入招贴模板中，搭配各种文字信息与图形元素，即可轻松转变为一幅海报招贴

**图1-31 花海场景生成图**

（a）生成原图。冰川场景生成图片整体冷色调，展现出冰川的壮丽景象，适用于广告招贴；（b）排版设计。将生成的图片作为主要招贴底图，在图片的开阔部位输入文字信息，即可成为一幅海报招贴

**图1-32 冰川场景生成图**

## 1.3.2　数字媒体设计

数字媒体设计是指网络媒体、影视媒体、游戏美术等行业的艺术设计与制作，对制作水平和经验技巧要求较高。Stable Diffusion能在较短的时间内生成复杂的画面效果，模型可以生成多种不同风格的图片，如日式动漫、韩式唯美、欧美写实等。用户可以根据自己的喜好选择进行生成。如果对细节不满意，还能在软件内通过多种方式对其进行微调，实现高度个性化和定制化的创作（图1-33）。

## 1.3.3　服装设计

传统服装设计过程中，设计师需要花费大量时间手绘草图，然后进行修改和完善。而利用Stable Diffusion，只需输入相应的描述，模型便会自动生成符合要求的草图。这不仅节省了使用者的时间，还提高了设计效率。此外，Stable Diffusion还可以实现多风格融合。在传统设计中，设计师往往擅长某种设计风格，而在尝试其他风格时，可能无法做到完美融合。而Stable Diffusion可以轻松实现多种风格的混合（图1-34）。

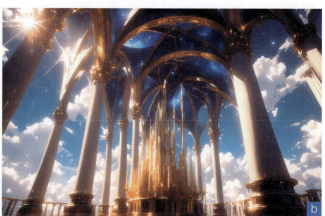

（a）二次元人物生成图。人物图片细节丰富，光影效果非常突出。发丝、饰品刻画十分细致，具有很高的真实感和细腻度；（b）游戏场景生成图。在短时间内得到效果惊艳的游戏场景效果图，为创作者提供了无限的创意空间。无论是独特的角色设定，还是奇妙的故事情节，都可以通过Stable Diffusion模型变为现实

图1-33　数字媒体生成图

（a）模特走秀生成图。生成虚拟模特进行上衣走秀，服装材质效果逼真，质感充分凸显；（b）上衣试穿生成图。布料质感真实，帮助设计师快速预览到服装上衣效果；（c）服装广告生成图。不同的打光角度可以变化出丰富的视觉效果，适合作为电商广告

图1-34　服装设计生成图

## 1.3.4 建筑与环境设计

在建筑与环境设计的初期阶段，设计师通常需要花费大量时间收集和整理各种设计灵感和参考资料。利用Stable Diffusion模型，使用者可以快速生成各种风格和主题的图像，为设计提供丰富的灵感来源，使其能够快速评估和比较不同方案的效果，提高设计的效率。同时，模型还可以根据使用者的需求，生成各种视角和角度的图像，以满足不同场景下的展示需求（图1-35）。

（a）生成建筑设计效果图。变化出多种多样的建筑设计形态，为使用者提供更多灵感和创意；（b）生成室内设计效果图。帮助使用者快速为客户呈现出装修方案效果图，家具质感细腻，室内环境优美，十分便捷；（c）生成环境设计效果图。光照效果逼真，模拟出真实的园林效果，清新自然

图1-35 建筑与环境设计生成图

## 本章小结

Stable Diffusion模型是一种基于深度学习的图像生成模型，以其独特性和创新性在图像生成领域引起了广泛关注。本文从Stable Diffusion模型的定义、原理和应用等方面进行了深入解析，希望能帮助读者更好地理解这一技术。随着人工智能技术的不断发展，Stable Diffusion模型在未来的图像生成领域将发挥越来越重要的作用。

## 课后练习

（1）什么是AI？AI的核心技术是什么？

（2）Stable Diffusion的特色有哪些？

（3）Stable Diffusion运行对计算机硬件有什么要求？

（4）Stable Diffusion界面由哪些部分组成？

（5）Stable Diffusion的成像逻辑是什么？

（6）实践操作：在自己的计算机上安装Stable Diffusion，根据实际需要登陆云端平台进行部署。

（7）实践操作：根据所学专业，选择合适的大模型，采用Stable Diffusion生成3～5张图。

# 第 2 章
# 文生图设计

识读难度：★★★☆☆

核心概念：文生图、迭代步数、采样方法、提示词、随机数、种子模型、
效果图

图2-1　文生图生成二次元画风人物头像

**本章导读**

　　文生图是Stable Diffusion基础功能之一，是程序中应用频率最多的功能板
块。通过配置大模型和参数，文生图的功能可以根据使用者输入的提示词文本迅
速生成各种风格的图像，如写实、卡通、抽象等，能够有效突破传统绘画的束
缚，为创作提供参考，为艺术家提供更多创作灵感，从而大大提高创作效率。通
过本章讲解，读者将能够掌握文生图功能的操作方法和使用技巧，通过对各种参
数的控制来生成满足不同设计需求的图片，在创作过程中更加高效、便捷地实现
创意，为相关行业带来更多的可能性（图2-1）。

## 2.1 文生图基本参数解读

文生图界面的参数设置包括迭代步数、采样方法、面部修复与高分辨率修复图片尺寸、生成批次和提示词引导系数，参数设置对于图像质量和效果具有重要影响，不同的参数会对生成图片的质量、效果产生不一样的影响。通过对文生图基本参数的解读和应用，可以更好地对图像生成进行有效控制，创作出符合要求的图像作品。在实际操作中，通过不断尝试和调整参数，使用者可以得到高质量的图像。

在实际应用中，根据生成风格和应用场景的不同，需要对文生图基本参数进行一定变更和调整，最终与使用需求相适应，创作出更加美观、实用的图像作品。

### 2.1.1 文生图主要功能

文生图的主要功能是根据输入的文本内容生成图像，文本内容最终决定最终呈现的图片内容，Stable Diffusion凭借其强大的生成能力，将复杂的文本指令转化为视觉上的具体呈现。使用者可以通过调整参数和设置，定制化生成图像的风格、色调以及细节，实时预览并调整文本描述，以快速获得理想的图像输出（图2-2）。

### 2.1.2 迭代步数

迭代步数（Steps）的定义在第1章中进行了相关介绍，原理是对图片逐步去噪，迭代步数是指消除噪声耗费的次数，每一次去噪都是在上一步的基础上进行的。

迭代步数的提升意味着去噪过程的延长，这样生成的图像也会具有更高的精细程度。但在实践操作中，迭代步数过多会导致每个图像的生成时间过长，图片质量却没有得到相应程度的提升，大大降低生图效率；减少步数则可以加快生成速度，但低于一定值又会导致画面缺少细节，甚至出现错误的图像。

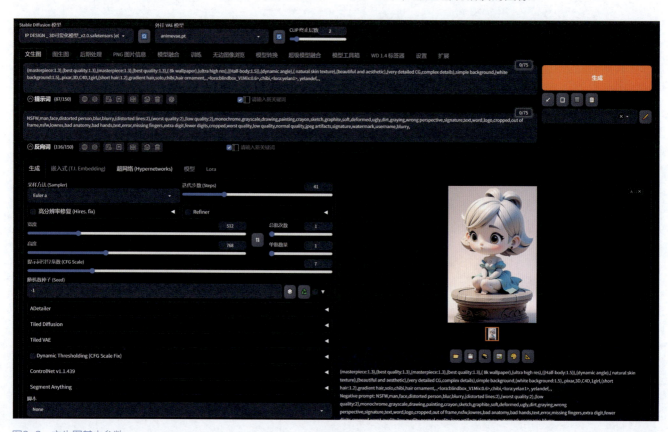

图2-2　文生图基本参数
使用提示词和其他参数生成Q版模型图片，提供设计灵感，方便快捷

迭代步数一旦到达20，图像内容就已大致确定，之后的迭代步数都只是在此基础上微调细节。因此生成图像时将采样迭代步数控制在20～30的范围内即可，生成精致的写实人物或大场景图像，步数限制在40以内（图2-3、图2-4）。

## 2.1.3 采样方法

采样方法（Sampler）是指图像去噪过程中所使用的算法，是使用不同算法对随机生成的噪声图进行降噪，最终形成清晰图像，选择采样算法时要注意与图像风格和使用模型相适应，来达到更佳的出图效果。目前，Stable Diffusion中提供的采样算法高达30多种，但真正常用的并不多（图2-5）。

**1. 早期采样器**

早期采样器主要包括DDIM、PLMS、Heun、Euler a、Euler、LMS和LMS Karrras（图2-6）。

- DDIM。最早的采样算法，目前已经很少使用，生成时可将其排除。
- PLMS。较早的采样算法，生成时可将其排除。
- Heun。Euler的改进算法，质量更好，但速度要慢。
- Euler a。不收敛的算法，每一步都会增加随机噪声，画面效果会随着采样步数的增加而出现变化。
- Euler。收敛的算法，去噪时不会增加随机噪声，画面效果会随着采样步数的增加而逐渐稳定。
- LMS、LMS Karrra。采用线性多步法，容易出现色块，画面效果不如Euler类稳定。

**图2-3 迭代步数**
迭代步数的取值范围在0～150，通过对其进行设置，可以有效控制图片的精细程度

Steps: 20　　　Steps: 40　　　Steps: 60

**图2-4 不同迭代步数生图效果**
通过观察可以发现，迭代步数20能获得比较出彩的画面效果，迭代步数40能对光照效果和部分结构进行调整，迭代步数60基本没有变化，只是去掉了前景的金色羽毛并重新绘制了人物的衣服领带，表明迭代步数20～30就能满足大多数图像生成需求

**图2-5 采样方法**
点击采样方法复选框，选择适合的采样方法

**图2-6　老派采样器生图效果（迭代步数20）**

通过观察可以发现，DDIM的质感和光照表现略逊一筹，Heun的生成时间较长，PLMS和LMS出现色彩混乱，LMS Karrra画面绚丽，但不稳定性较强。当使用Euler a和Euler的采样方法时，画面干净自然，而且使用较少步数就能实现效果

在该类型采样器中，推荐使用Euler a和Euler的采样方法，出图快捷迅速，得到的画面效果比较简洁清新，适用于二次元画风图像的生成。

### 2. DPM系列

（1）DPM类。DPM的一代算法，生成效果并不理想，并不推荐使用（图2-7）。

- DPM fast。生成效果较差，多被排除不用。
- DPM adaptive。生成时间较长，酌情使用。

（2）DPM2类。DPM的二代算法，相比一代DPM生成图片质量更好，但渲染时间会延长，不推荐使用。类型包括DPM2、DPM2 a、DPM2 Karras和DPM2 a Karras（图2-8）。

（3）DPM++类。生成时间上不如DPM++Karras类快捷有效，不推荐使用（图2-9）。DPM++类型包括DPM++ 2S a、DPM++ 2M、DPM++ SDE、DPM++ 2M SDE、DPM++ 2M SDE Exponential、DPM++ 2M SDE Heun、DPM++ 2M SDE Heun Exponential、DPM++ 3M SDE和DPM++ 3M SDE Exponential。

（4）DPM++Karras类。相比DPM++算法，这类采样器在迭代

**图2-7　DPM类采样器生图效果（迭代步数20）**

DPM fast生成的画面直接崩坏，DPM adaptive画面质感较好，结构富有逻辑，但生成时间过长，因此这种采样器并不常用

**图2-8　DPM2类采样器生图效果（迭代步数20）**

DPM2和DPM2 Karras的生成时间较长，DPM2 a和DPM2 a Karras则因为采样器的不可收敛，导致最终的画面效果和其他图片相比有一些偏差

DPM++ 2S a  DPM++ 2M  DPM++ SDE  DPM++ 2M SDE  DPM++ 2M SDE Exponential

DPM++ 2M SDE Heun  DPM++ 2M SDE Heun Exponential  DPM++ 3M SDE  DPM++ 3M SDE Exponential

图2-9 DPM++类采样器生成效果（迭代步数20）
DPM++ 2S a和DPM++ SDE的画面效果较好，此外的多张生成图人物面部均存在一定的瑕疵或出现崩坏，说明这类采样方法需要更多的采样步数才能形成较好的画面效果

DPM++ 2M Karras  DPM++ SDE Karras  DPM++ 2M SDE Karras  DPM++ 2M SDE Exponential

图2-10 2M类采样器生成效果（迭代步数20）
2M采样器生成图片的质量和速度保持平衡，是使用频率较高的采样器类型，其中，DPM++ 2M Karras效果优良，DPM++ SDE Karras对五官的刻画则更为细腻

步数超过8之后，噪点逐渐减少，能用更少的采样步数绘制清晰图像。

1）2M类采样器。采用二阶多步算法，增加了相邻层之间的信息传递，因此速度较快（图2-10）。

- DPM++ 2M Karras。速度快，质量较好，推荐使用。
- DPM++ SDE Karras。速度较慢，质量好，适合渲染高画质写实类图片，推荐使用。
- DPM++ 2M SDE Karras。性能是DPM++ 2M Karras和DPM++ SDE Karras的折中。
- DPM++ 2M SDE Exponential。相比DPM++ 2M SDE Karras细节略少。

在该类型采样器中，推荐使用DPM++ 2M Karras和DPM++ SDE Karras的采样方法，DPM++ 2M Karras性能和速度都十分优异，能适应各种画风，DPM++ SDE Karras则更适配于写实图片的生成。

2）其他采样器（图2-11）。

- DPM++ 2M SDE Heun Karras。Heun是Euler的改进算法，质量更好但速度慢，不推荐使用。
- DPM++ 2S a Karras。采用二阶单步算法，因此速度比 DPM2 更快，但不如2M采样器。
- DPM++ 3M SDE Karras：生成速度与2M类采样器一致，但需要更多的迭代步数和略少的提示词引导系数才能出现良好效果。

### 3. 近期采样器

近期采样器包括"UNIPC"和"Restart"。

- UniPC：生成速度快，迭代步数10左右即可生成

图2-11 其他采样器生成效果（迭代步数20）
DPM++ 2M SDE Heun Karras和DPM++ 2S a Karras的生成效果较好，由于迭代步数没有达到标准，导致DPM++ 3M SDE Karras生成的图像还未完全去噪，进而出现崩坏

图2-12 新派采样器生成效果（迭代步数20）
UniPC生成图的色彩饱和度更高，Restart则更为清爽，可看个人需要选择

图2-13 高分辨率修复
高分辨率修复界面包含诸多参数，便于对小图进行放大

图2-14 不同放大算法生成效果
R-ESRGAN 4x+ Anime6B的生成效果比较清新，R-ESRGAN 4x+对皮肤质感的表现较好，4X-UltraSharp放大细节更多更丰富

较好的效果。

- Restart: 1.6版 本 新 增 采 样 器，相 比UNIPC能够使用更少的采样步数生成图像，推荐使用（图2-12）。

## 2.1.4 高分辨率修复

高分辨率修复（Hires. fix）又称高清修复，用于对生成图片进行放大。在Stable Diffusion中生成图像时，可以先设定较低的分辨率开始绘制，一是为了在短时间内预览到图像效果，二是因为多数模型训练所用的图片分辨率并不是太高，宽高像素为512～768区间内，生成尺寸若设置过高，易出现不和谐的画面效果。如果想要生成高分辨率图片，最常用的方式就是先生成小图，确定其画面效果之后再固定参数并开启高清修复进行放

大（图2-13）。

高分辨率修复操作栏中的参数包含：放大算法、高分迭代步数、重绘幅度、放大倍数、图片的宽高调整。

- 放大算法。指图片的放大方式，其中ESRGAN系列和 4X-UltraSharp最为常用，ESRGAN系列中的R-ESRGAN 4x+ 适用于写实类图片，R-ESRGAN 4x+Anime6B则适合二次元或卡通画风，4X-UltraSharp的放大效果更加细腻逼真，能达到照片级效果（图2-14）。
- 高分迭代步数。即高分辨率修复功能在图片生成的第几步开始生效，例如，将图片迭代步数设为20，开启高分辨率修复后将高分迭代步数设为5，即在前5步生成低分辨率小图，在后15步对小图进行扩大并逐步补充细节，最终得到细节丰富的高分辨率大图。

- 重绘幅度。即进行高分辨率修复时对原始图像的更改程度，该数值设定越高，图像内容的更改幅度越大，反之则越接近于原始图像，要想在保留原图基本内容的同时丰富细节，最好将重绘幅度设定在0.3～0.5之间。
- 放大倍数。即将原始图像放大的倍数。
- 将宽/高度调整为。即原始图像调整后的宽高数值。

### 2.1.5 宽度与高度

宽度与高度用于指定生成图片的尺寸，包括对图片宽高数值的设定。在维持图像分辨率不变的前提下，增大图像尺寸能够显著增加图像所能承载的信息量，能够使图像的细节表现更为丰富。反之，当图像尺寸被缩小，其内容往往显得较为简略粗糙，特别是在描绘真实人像以及复杂纹理等元素时，过小的图像尺寸容易使内容看不清楚。

当图片的宽高数值相差过大，模型在图像生成过程中可能会将图像视为由数张拼接而成的图像，将多张图片的内容强行压缩至一张图片内，进而引发多人物或肢体拼接的视觉问题（图2-15）。

### 2.1.6 总批次数与单批数量

总批次数和单批数量的概念相互关联，总批次数即连续出图的次数，单批数量则指每次出图所绘制的图片数量。该功能的设计初衷是为了解决图像生成过程中存在的效率问题。由于图像生成的结果具有高度的不确定性，使用者往往需要多次尝试以获得满意的作品。通过调整批次数和批内图片数量，可以实现Stable Diffusion的自动连续生成，从而避免每次生成后手动点击按钮。

二者的区别在于同时生成图片的数量不同。总批次数是线性生图，若将其设定为3，生成1张图片之后继续生成第2、3张。单批数量是同时生图，若将其设定为3，就是将3张图片合成为1张，进行同时生成。随着单批数量的增加，Stable Diffusion需要同时处理更多图片，对显卡性能要求较高。为了提高效率，每次只生成1张图片为佳，并通过增加批次数来达到目的（图2-16）。

**图2-15 宽度/高度**
对于宽高尺寸，可以用选中输入的方式直接修改框内数值，也可拖拽滑动条进行修改，点击右侧按钮，可以将宽度和高度的值相互置换

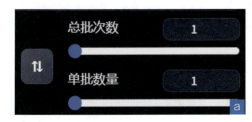

（a）总批次数与单批数量。可以用选中输入的方式直接修改框内数值，也可拖拽滑动条进行修改；（b）生成效果。总批次数数值调为4生成的图片，右侧第1幅是4张图片汇总而成的预览图，其后是这4张独立图片

**图2-16 功能界面与生成图片**

### 2.1.7　提示词引导系数

提示词引导系数（CFG Scale）是指输入提示词对图像生成的影响程度，其核心作用是调整图像生成与文本提示之间的契合度，将文本提示对图像生成结果造成的影响进行量化（图2-17）。

在CFG值较低的情况下，Stable Diffusion更加自由发挥，生成的图像会与提示词有所出入，展现出更为丰富的创造性，但同时也有可能出现与提示词不完全相符的元素或场景；在CFG值较高的情况下，模型则会更加严格地遵循输入的提示词，生成的图像更贴近文本描述的内容，但同时也限制了模型的创造力和多样性。

在CFG值极高的情况下，图像可能会显得生硬或不自然，甚至出现伪影现象。Stable Diffusion的默认CFG值为7，是创造力和生成准确性之间的平衡选择，在实际应用中可根据具体需求和创作目标进行适当调整。

同样输入提示词"agirl, yellow_dress, red hair, smile, castle, busta girl, blue eyes, red dress, in the fields"，通过设定不同的提示词引导系数，最终得到5种不同的画面效果（图2-18）。

## 2.2　随机数种子功能

在Stable Diffusion中，图像的生成具有很大的随机性，尽管可以通过提示词等参数在一定程度上来控制画面效果，但仅凭这些，绘制出跟参考图完全一致的图片还是十分困难。除提示词外，还有一种功能可以对图像的生成内容进行控制，即随机数种子（图2-19）。

### 2.2.1　随机数种子

种子决定生成过程中所有随机性的出现，种子和

**提示词引导系数 (CFG Scale)**　　　　　7

图2-17　提示词引导系数
对于提示词引导系数，可以用选中输入的方式直接修改框内数值，也可拖拽滑动条进行修改

| CFG Scale: 1.0 | CFG Scale: 7.0 | CFG Scale: 14.0 | CFG Scale: 21.0 | CFG Scale: 29.0 |

图2-18　提示词引导系数（1~29）
通过观察可以发现，引导系数为1时，图像内容杂乱无章，超过14之后，画面效果逐渐变得油腻，可见提示词引导系数并不是越高越好，保持默认数据就能得到比较好的效果，如果追求更加强烈的光照质感，可以将其适当提高，但不要超过14

**随机数种子 (Seed)**

-1

图2-19　随机数种子
选中种子数值可对其进行修改，右侧的骰子图标表示恢复初始数值，也就是-1，循环图标则表示将上一张生成图的随机数种子重复利用

所有参数保持一致的情况下，所生成的图像理论上应完全相同。每张生成图片都有其对应的种子，Stable Diffusion的种子默认为1，即随机生成。若想控制生成图像，可以将其他生成图的种子复制到种子数值框进行生成（图2-20）。

### 2.2.2 变异随机种子

变异随机种子是指在原始种子上添加其他种子，从而将两张图片混合在一起。

- 变异强度。指变异随机种子对原种子图的影响程度，值越小则影响越小，原图特征保留更多，反之则越少，可以通过调整该值来控制两张图片混合程度。

- 从宽度中调整种子和从高度中调整种子数值分别表示出图的宽、高数值（图2-21）。

运用变异随机种子功能对两张图片进行融合，首先将原图种子参数复制到随机数种子数值框，再将需要融合的图片种子复制到变异随机数种子数值框，调整变异强度，即可点击"生成"按钮，查看效果（图2-22）。

## 2.3 脚本

脚本是Stable Diffusion中用于辅助、测试生图的工具，其位于文生图界面最下方，点开脚本复选框，即可

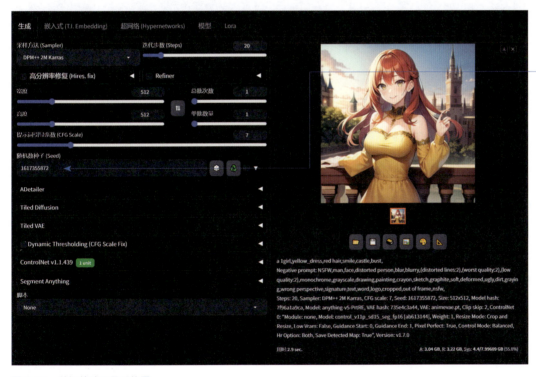

**图2-20 随机数种子显示位置**
在随机数种子数值框和生成图片下方的参数文本处都可以对种子进行查看，选中即可复制

**图2-21 变异随机种子**
点击随机数种子右侧的勾选框即可显示随机数种子面板

图2-22 随机数种子融合图片

通过观察可以发现，图中人物随着逐渐改变动作姿势和样貌，服装从披风逐渐变为长袖，发色从黑发逐渐变为金发。要想将原图和融合图二者兼顾，最好将变异强度设为0.5左右

图2-23 脚本
点开脚本复选框，即可在下拉列表中查看各种功能选项

在下拉列表中找到各种功能选项，也可以自行进行下载其他脚本，扩充功能（图2-23）。

## 2.3.1 x/y/z图表应用

前文中，在介绍文生图各项参数时经常用到x/y/z图表来表现，帮助读者预览不同参数对最终出图的影响。x/y/z图表是Stable Diffusion中重要的脚本功能，能够清晰展现不同参数之间的效果差异，方便使用者进行测试和对比，最终得出更为合适的参数设置。

在脚本下拉列表中找到x/y/z图表并进行点击，切换到该界面。可以看到：X轴类型、Y轴类型、Z轴类型3行复选框，每个复选框都可以设置不同的参数，生成不同的图片以进行对比。

- 包含图例注释。指显示出每个变量的注释信息。
- 保持种子随机。指生成每张对比图时都采用不同的种子参数，根据需要进行选择即可（图2-24）。

### 1. 不同采样方法出图

设置好文生图界面的其他参数之后，首先，点击"X 轴类型"复选框，找到采样方法进行点击。然后，点击"X 轴值"，可以看到下拉列表中出现不同采样方法的名称，选择需要进行比对的采样方法，将其加入复选框。最后，回到界面上方，点击"生成"按钮，即可生成不同采样方法的对比图（图2-25）。

### 2. 不同模型和迭代步数出图

设置好文生图界面的其他参数之后，点击"X 轴类型"复选框，找到"模型名"进行点击。然后点击"X 轴值"，在下拉列表中选择需要进行比对的大模型，接着，在"X 轴类型"复选框中选择迭代步数，在"X 轴值"框中输入不同的迭代步数，若是连续步数则使用连字符相连，如"1-20"，非连续则采用逗号相隔，如"1,2,3…"最后回到界面上方，点击"生成"按钮，即可生成不同采样方法的对比图（图2-26）。

图2-24 x/y/z图表

x/y/z图表包含复选框和其他可勾选参数，通过调整参数可以对出图效果进行调整

图2-25 不同采样方法出图

"X 轴类型"选择采样方法（Sampler），点击"X 轴值"选择需要比对的采样方法，右下方按钮可以将所有采样方法全部选中

图2-26 不同模型和迭代步数出图

"X 轴类型"选择模型名（Checkpoint name），点击"X 轴值"选择需要比对的大模型，"Y 轴类型"选择迭代步数（Steps），点击"Y 轴值"输入需要比对的迭代步数

## 2.3.2 提示词矩阵

提示词矩阵（Prompt Matrix）用于比较不同提示词对出图的影响，需要比对的提示词用"|"分隔。

- 将可变部分放在提示词文本的开头。指将需要比对的提示词放在提示词输入框前方以增加权重。
- 为每张图片使用不同随机种子。含义同x/y/z图表。
- 选择提示词。是指比对内容在正向提示词区域还是反向提示词区域。
- 选择分割符。是指选择可变提示词通过逗号或空格连接，这些数值一般保持默认（图2-27）。

提示词框中输入"a girl, blonde hair|garden|mountain"，开启"Prompt Matrix提示词矩阵脚本"并点击"生成"按钮。

## 2.3.3 从文本框或文件载入提示词

从文本框或文件载入提示词（Prompts from file or textbox）可以一次性输入多组提示词生成多张图片，1组提示词对应1张图片，从而进行批量处理。可以在下方的提示词输入列表中手动输入，也可从文本文件中输入提示词来进行生成，选择这两种方式进行输入前，需要先将界面上方提示词输入框中的内容删除。

提示词的输入格式为：每组提示词占一行，前方加上"—"，之后的文本添加双引号。提示词框中输入—"starry sky"—"in a meadow"—"desert"—"city"，开启"Prompts from file or textbox脚本"并点击"生成"按钮（图2-28）。

（a）输入提示词。需要进行比对的提示词前方去掉逗号，使用"|"代替，Stable Diffusion才能对其进行识别；（b）生成图表。得到4张不同效果的生成图片，分别是背景无高山和花园、花园背景、高山背景和花园高山兼具的背景，让人一目了然

图2-27 Prompt Matrix 提示词矩阵

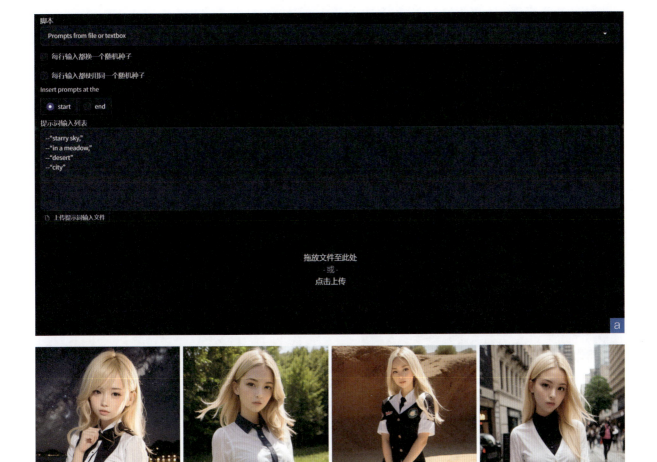

（a）输入提示词。在提示词输入界面输入格式相符的提示词；（b）生成图片。得到4张不同效果的生成图片，分别是星空背景、草地背景、沙漠背景和城市背景，让人一目了然

图2-28 从文本框或文件载入提示词（Prompts from file or textbox）

# 2.4 设计案例：文生图出图

根据上文内容，可知Stable Diffusion AI绘画设计具有强大的文生图能力，是许多使用者在工作中的得力助手。下面将结合具体案例，展示Stable Diffusion 文生图的绘画效果。

## 2.4.1 二次元人物图

二次元作为当下较为流行的视觉表现风格，是

Stable Diffusion出图的常见题材，使用两款不同的二次元画风大模型，生成插画图片并对其效果进行查看和分析（图2-29）。

## 2.4.2 室内效果图

通过Stable Diffusion的文生图功能生成室内效果图，将想要达成的效果作为提示词输入，为家居设计带来全新的可能（图2-30）。

（a）顺光人物。光照效果十分突出，营造出较强的场景氛围感，背景和前景的界限比较明显；（b）侧光人物。这款二次元画风大模型对色彩和质感的表现更为优良，人物头发走向表现细腻

图2-29 生成二次元人物图

（a）客厅场景生成图。设计感较强的客厅场景，采用深蓝和明黄作为主色，体现出较强的时尚感和现代感；（b）房间场景生成图。现代设计风格的房间场景，色彩对比鲜明，对质感的体现十分到位

图2-30 生成室内效果图

## 本章小结

文生图是一种基于人工智能的图像生成技术，它可以将自然语言描述的文字转换成高质量的图像，这项技术通过分析大量数据，学习文字与图像之间的关联，从而实现文字到图像的转换。本章从Stable Diffusion文生图的基本参数、原理和应用等方面进行深入讲解和说明，并引入多个实践案例，详解操作步骤，来帮助读者更好理解其实际功能和底层逻辑。

## 课后练习

（1）什么是文生图？文生图界面包含哪些基本参数？

（2）迭代步数对生图效果有何影响？

（3）不同的采样方法生图效果有何影响？常用的采样方法有哪些？

（4）随机数种子是什么？随机数种子怎样控制出图效果？

（5）实践操作：通过变异随机数种子功能融合2张图片。

（6）实践操作：选择不同的比对项目生成3~5张x/y/z图表。

（7）实践操作：根据各自专业，使用生成3~5张不同画风的图片。

# 第3章
## 图生图设计

识读难度：★★★★☆

核心概念：图生图、迭代步数、采样方法、提示词、随机数、种子模型、效果图

图3-1　图生图转换人物画风

**本章导读**

图生图是Stable Diffusion的基础功能之一，是对文生图板块的功能补充。与文生图以提示词文本内容为重点不同，图生图以现有的图像内容为核心，以此为基础上进行二次生图，进而对原图的内容进行修改和扩充，让生成图像离理想效果更进一步。本章主要介绍图生图的基本功能和用法，打通图生图各个功能板块的底层逻辑，通过对参数的控制来实现对生成图像的完美控制。图生图的实际作用不仅局限于对现有图像的修饰，合理利用该功能，可以制作出许多充满创意性和实用性的设计效果，还能让自己的设计内容尽善尽美（图3-1）。

# 3.1 图生图基本参数解读

图生图的功能界面与文生图比较相似，都包含包括迭代步数、采样方法、生成批次和提示词引导系数等参数，两者最大的不同在于，图生图界面的提示词输入框下方多出了参考图窗口及与其相关的参数设置，通过输入图像和调节参数，可以对生图效果进行进一步控制，得到更符合理想要求的图像。

图生图的界面与前文提到的高分辨率修复功能有几分相似，但又不局限于图像放大，可以将其看作是该功能的拓展和丰富。

## 3.1.1 图生图主要功能

图生图界面的主要功能就是以导入图像为基础，根据输入的文本内容进行生图。

将对图像的修改要求转换为提示词输入框中的文本内容，Stable Diffusion将根据输入的各种要求对原图进行修改，经过二次生成，图像就能够基本满足使用者的实际需求。图生图功能的实际作用主要体现在画风转换、图像放大局部修改和画面细节增加等方面，为图像创作提供了更大空间（图3-2）。

## 3.1.2 反推提示词

反推提示词用于生成图像提示词，该功能位于图生图界面提示词输入框右侧的按钮操作区"生成"按钮下方，有CLIP反推和DeepBooru反推两个功能可供使用。CLIP反推能够根据导入图像生成句子和短语，侧重于对物体方位的描述，DeepBooru反推生成的则是单词，侧重于对画面内容的描述。

DeepBooru的实用性比CLIP更强，对于图像描述不仅细节更为丰富，不易遗漏关键元素，反推速度也比CLIP更快，根据实际需要进行选择（图3-3）。

**图3-2　图生图基本参数**
图生图界面在文生图的基础上进行升级，新参考图窗口及一系列相关参数的设定。允许用户通过拖拽的方式便捷地上传图像，也可以点击参考图窗口后手动选择图像的存储路径，整个操作过程显得格外灵活而富有弹性

●点击反推按钮

●自动生成提示词

（a）反推提示词。别针图标为CLIP反推按钮，纸箱图标为DeepBooru反推按钮，通过灵活切换这两种的反推模式，使用者可以生成不同格式的提示词，来创造出丰富的图像内容；（b）使用提示词。将提示词文本复制到图生图界面的提示词输入框，生成全新图像。由于提示词已经将构图和场景元素基本确定，成图跟原图比较相似

图3-3　图生图反推提示词

当看到精美图像时，可将其上传到Stable Diffuison图生图中的参考图窗口，点击"CLIP反推"或"DeepBooru反推"按钮，即可看到提示词输入框中出现提示词，将文本内容复制到文生图的提示词输入框，即可生成相关图像。

### 3.1.3 迭代步数

迭代步数（Steps）的定义在前面章节中有过介绍。Stable Diffusion扩散模型生图原理是对图像逐步去噪的过程，每一次去噪都是在上一步的基础上进行的。在图生图中，迭代步数即为在导入图像的基础上增加噪声，再去除噪声所耗费的次数（图3-4）。

### 3.1.4 缩放模式

缩放模式是指在重绘图像尺寸与原图尺寸比例不一致时，采用何种方式让原图适应重绘后的尺寸大小。该功能位于参考图窗口下方，提供了"仅调整大小""裁剪后缩放""缩放后填充空白""调整大小（潜空间放大）"4个选项。

● 仅调整大小。直接对原图进行拉伸，强制性让其适应新的宽高尺寸。

● 裁剪后缩放。以最短边为基准将原图等比放大，将超出重绘尺寸的部分裁切掉。

● 缩放后填充空白。以最长边为基准将原图等比放大，将空白部分自动填充。

● 调整大小（潜空间放大）。缩放方式和"仅调整大小"相同，但却是在图像进入潜空间之后再对其进行缩放，该方式并不常用。

将1张768×512的图像导入参考图窗口，重绘尺寸设为1000×1000，查看不同缩放模式下的放大效果（图3-5）。

### 3.1.5 重绘幅度

这里的重绘幅度和之前提到的高清修复界面中的重绘幅度含义相同，都是指对原图的修改程度。重绘幅度数值越大，生成图像与原图的差异相应变大，重绘幅度数值越小，生成图像与原图的差异相应变小。根据这个规律，将现成图像导入图生图界面，切换到不同的重绘幅度并尝试生成。

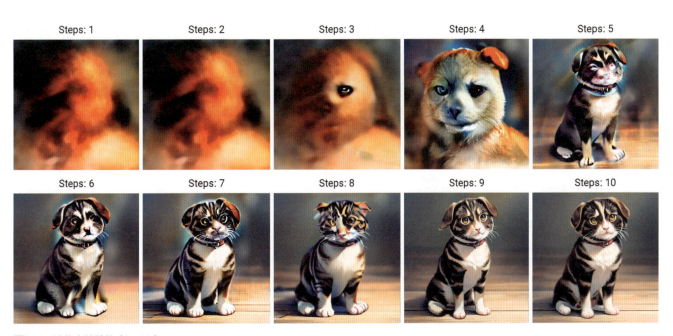

图3-4 迭代步数数值（1~10）
在图生图界面中对小猫照片进行重新生成，发现图生图的原理是在原图的基础上添加随机噪声，再逐步进行去噪的过程，在此过程中，图像内容由模糊逐渐变得清晰

（a）仅调整大小。对图像尺寸进行直接的拉伸变形，在这种缩放模式下，原图尺寸与重绘尺寸不宜相差太大；（b）裁剪后缩放。将原图的左右两侧各裁去一部分，只留下画面中心的部分内容；（c）缩放后填充空白。将原图放大后对空余区域进行了自动填充，图像的上下边缘处产生竖纹，是因为该模式对图像的边缘像素进行了拉伸和拓展；（d）调整大小（潜空间放大）。其也对图像进行了拉伸变形，由于是将图像上传至潜空间后再放大，对图像内容进行了压缩，所以相对模糊

图3-5　缩放模式

　　将1张二次元人物图像导入参考图窗口，在原有提示词的基础上加入"black hair"点击"生成"按钮，可以发现，在0.8的重绘幅度之前，画面内容几乎没有太大变化，随着重绘幅度的不断提高，画面背景不断变暗，人物的头发颜色逐渐变深，服饰细节也发生了一定变化，重绘幅度在0.8~1.0时，最接近想要的黑发效果（图3-6）。

### 3.1.6 图生图画风转换

#### 1. 上传图片

将1张生成的写实人物图像上传到图生图参考图窗口，点击"反推关键词（DeepBooru）"，手动修改自动生成的关键词，增减画面元素，使其更加准确（图3-7）。

#### 2. 设置数值

将图像的重绘尺寸设置为和原图尺寸相同的数值，并开启X/Y/Z图表的脚本，X轴类型设为"重绘幅度"，便于对不同的出图效果进行比对（图3-8）。

#### 3. 生成效果

来到界面最上方，切换二次元画风大模型，点击"生成"按钮，查看效果（图3-9）。

**图3-6　重绘幅度数值（迭代步数0.1～1）**
重绘幅度数值达到0.8之后，新增的提示词开始生效。随着重绘幅度的增加，图像中人物的发色逐渐变深，背景也相应变暗，距离原图所产生的偏移越来越大

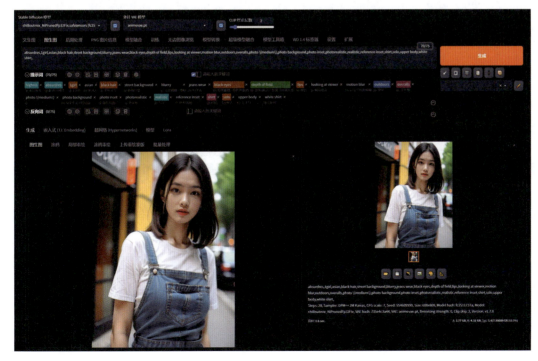

**图3-7　反推关键词**
反推关键词能够根据导入图像快速推导出提示词代替手动输入画面描述，节省时间和成本

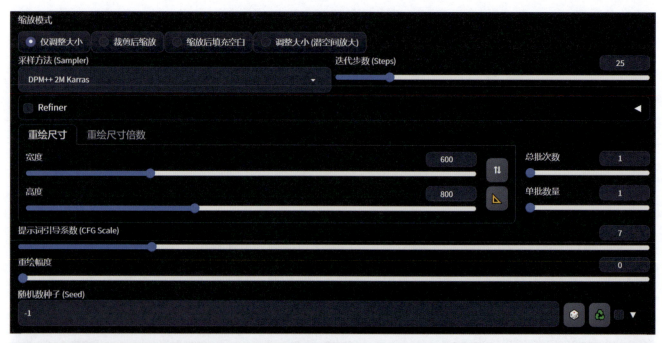

图3-8　设置生图参数

生图参数和原图保持一致，避免出现图像变形、缩小的情况

　　通过观察可以发现，重绘幅度设为0.7～0.8时，最接近于理想效果，重绘幅度到达0.9时，效果更接近于干净清爽的二次元画风，只是牛仔衣出现破面，服装颜色距离原图也有了一定偏差。

**图3-9 生成二次元画风图像**
这里用到了Stable Diffusion自带的二次元画风大模型，也可以选择其他中意的模型实现画风转换

## 3.2 局部重绘参数解读

局部重绘面板在图生图的基础上加入了部分参数选项，主要包括"蒙版边缘模糊度""蒙版模式""蒙版区域内容处理""重绘区域"4项参数。通过上文讲解，会发现图生图只能对整张图像进行修改，无法做到精修局部。如果对画面效果基本满意，只有局部画面需要调整，不想修改其他内容时，使用局部重绘功能可以较好满足这种需求，对图像实现有针对性的修改。

### 3.2.1 局部重绘主要功能

局部重绘是图生图的分支功能，该功能可以只对画面的局部区域进行修改，保留其他部分不受干扰。

将原图上传至参考图窗口后，会发现图像右上角多出四个按钮，分别表示撤销、清除笔迹、移除图像和画笔。点击"画笔"按钮，可以发现该按钮左侧多出调节画笔大小的滑动条，此时光标变成白色圆点就可以对需要修改的区域进行涂抹，形成蒙版区域，涂抹完成后在提示词输入框输入对该区域的修改要求，点击"生成"按钮，即可预览局部重绘之后的效果（图3-10）。

### 3.2.2 蒙版边缘模糊度

蒙版边缘模糊度指重绘区域与图像其余部分的过渡程度，与Photoshop中的羽化效果或高斯模糊相似，实现区域边缘从透明至可见的渐变。该参数的作用主要是使蒙版边缘的过渡更加自然，减少由于局部修改造成的生硬边界，使得修改区域与原始图像更好结合，避免生成不自然的视觉效果。

（a）局部重绘界面参数。上传参考图之后，在图片中需要修改的部位进行涂抹，将位于画面中心的紫红色花朵覆盖，形成蒙版区域；（b）局部重绘生成图。提示词输入框中输入"blue flower"，局部重绘之后，蒙版区域生成蓝色花朵

图3-10　局部重绘主要功能

　　边缘模糊度的数值设定为0～64，默认值为4，即4像素。数值越小，边界越清晰；反之，数值越大，边界越模糊。下面以写实风景图像作为样例，比对蒙版边缘模糊度不同对生图效果的影响（图3-11）。

蒙版模糊：0　　　　蒙版模糊：5　　　　蒙版模糊：15

蒙版模糊：35　　　　蒙版模糊：55　　　　蒙版模糊：64

（a）添加蒙版。想要将田野中间的小径替换成溪流，从前景一直延伸到湖泊，于是在画面中涂出溪流的形状与走向，点击"生成"按钮，查看效果；（b）蒙版边缘模糊度（0～64）。蒙版模糊度越高，蒙版与整体画面的融合程度虽然变高，但实际生效面积也相应变少，因此生成时最好将其保持在默认数值4左右，根据实际需要进行修改

图3-11　蒙版边缘模糊度

当蒙版边缘模糊度为0时，岸边和溪流水面的过渡比较生硬，模糊度为5、15时，水岸形成一定体积感，透视效果比较接近理想状态，模糊度超过15后，溪流面积开始大幅度缩小，与最开始的状态相去甚远。

### 3.2.3 蒙版模式

蒙版模式有"重绘蒙版内容"和"重绘非蒙版内容"两个选项。

- 重绘蒙版内容。只对蒙版覆盖的图像区域进行重绘。
- 重绘非蒙版内容。针对蒙版之外的区域进行重绘，相当于Photoshop中反选的功能。

下面写实风景图像作为样例，比对不同蒙版模式对生图效果的影响（图3-12）。

### 3.2.4 蒙版区域内容处理

蒙版区域内容处理板块中有"填充""原版""潜空间噪声""空白潜空间"4个选项，是指对重绘区域不同的处理方式。

- 填充。指对蒙版区域进行高度模糊，根据该区域的色度进行重绘。
- 原版。指将蒙版区域作为参考底图进行重绘，保

留原图元素更多。

- 潜空间噪声。指在蒙版区域重新铺上潜变量噪声，进行重绘，这种模式需要更大的重绘幅度才能形成可观效果。
- 空白潜空间。指在蒙版区域附近选取颜色填充到蒙版区域，作为参考底图进行重绘。一般情况下，可以使用能保留更多原图信息的"原版"或"填充"，其他两种处理方式则较少运用。

下面导入一张蓝发女孩图像，在头发处添加蒙版，输入提示词"black long hair"，通过更改发色来比对不同蒙版区域内容处理对生图效果的影响（图3-13）。

### 3.2.5 重绘区域

重绘区域板块有"整张图像"和"仅蒙版区域"两个选项。

- 整张图像。对整张图像进行重绘。
- 仅蒙版区域。对蒙版遮罩的区域进行重绘。

两者的区别在于，"整张图像"以图像被遮罩部分的像素为基础进行重绘。例如，一张图像的蒙版遮罩的区域为72×72像素，采用"整张图像"就是生成一张72×72像素的图像粘贴到原位置，采用"仅蒙版区域"则是先生成一张和原图一般大小的图像，再将其缩小粘贴到原位置，这样重绘区域就能拥有更多的施展空间，

重绘蒙版内容　　　　　　　　　重绘非蒙版内容

（a）原图。将右侧帐篷涂抹后，输入关键词"草地"，点击"生成"按钮，查看效果；（b）重绘蒙版内容。右侧帐篷在画面中消失，原来的位置变成一片草地，看起来毫无违和感；（c）重绘非蒙版内容。右侧帐篷的形态被保留，其余的画面内容被重绘，效果十分自然

图3-12 蒙版模式

（a）原图。原图人物是长卷发的造型，作为原始参考与后面的重绘图像相对比；（b）添加蒙版。用画笔涂抹头发部分，将其完全覆盖，不要遗漏发丝；（c）填充。填充模式在蒙版区域内生成了一种新的头发造型，原来的卷发变为直发；（d）原版。原版模式除了将头发原来的蓝色变为黑色之外，造型上的改动相对较小，与原图基本保持一致；（e）潜空间噪声。潜空间噪声生成效果较差，给人一种没有采样完全的感觉；（f）空白潜空间。空白潜空间模式选取蒙版周围像素的颜色作为参考，因此得到的头发颜色更浅，呈现出一种灰褐色

图3-13　蒙版区域内容处理

进而获得更高的精细度，有效避免在生成过程中出错。将二次元人物头像的面部进行重绘，分别选择"整张图像"和"仅蒙版区域"，对比出图效果（图3-14）。

重绘区域左侧有一个名为"仅蒙版区域下边缘预留像素"的滑动条，当重绘区域选择"仅蒙版"时才会生效，指对蒙版参考区域的扩大范围，数值越大，蒙版区域的参考范围越大，和周围的融合效果越好。

## 3.3　其他重绘功能

除图生图和局部重绘功能外，该界面还增加了与重绘相关的其他功能，包括涂鸦、涂鸦重绘、上传重绘蒙版和批量处理，旨在增加Stable Diffusion的可操作性。

### 3.3.1　涂鸦

涂鸦功能是指通过用画笔在参考图进行粗略绘制，根据绘制内容生成相关物品，从而增加使用者对Stable Diffusion生图的参与度，其参数界面和图生图完全一致。

将图像导入参考图窗口后，图像右上角相较于局部重绘多出一个画板形态的按钮，点击该按钮可以选择不同的颜色。选中红色，即可在图像上留下红色的笔迹。在人物头顶添加红色笔迹，写入正向提示词"flower"点击"生成"按钮，即可给人物戴上红色花环（图3-15）。

（a）整张图像。在原来的脸部区域的像素基础上进行发挥，精度接近于重绘之前的效果；（b）仅蒙版区域。由于重绘时有了更多的像素空间进行施展，画面所包含的图像信息更为丰富；（c）细节对比。使用"仅蒙版区域"选项重绘的图像细节刻画更为深入，精细程度超越原图，创造出更为出彩的画面效果；"整张图像"则略逊一筹，显得比较平庸

图3-14　重绘区域

（a）添加涂鸦。沿人物头顶添加红色笔迹，用比较粗略的笔触来大致确定花环形态；（b）生成图像。红色笔迹与原有图像充分融合，提示词控制想要添加的物品类型，笔迹控制想要添加的颜色及位置

图3-15　涂鸦

## 3.3.2　涂鸦重绘

涂鸦重绘是涂鸦功能和局部重绘功能的结合，涂鸦只能对整张图像进行重绘，而涂鸦重绘则可以只对涂鸦区域进行重绘，也就是以涂鸦为基础进行重绘的同时不影响图像的其他部分，其参数界面和局部重绘完全一致，只是在蒙版边缘模糊度参数的右侧增加了"蒙版透明度"滑动条，其数值越高，涂鸦颜色越接近透明，越低则越明显。

将图像导入参考图窗口后，点击画板按钮选择颜色，点击吸管工具吸取参考图中灌木丛的颜色，在画面中添加几笔绿色表示绿植，写入正向提示词"bush"点击"生成"按钮，即可在画面中额外添加几丛灌木（图3-16）。

## 3.3.3　上传重绘蒙版

上传重绘蒙版功能是对局部重绘功能的扩展，支持

（a）添加涂鸦。原图的庭院场景略显空旷，于是再添加三处涂鸦，来丰富画面效果；（b）生成图像。根据涂鸦位置和提示词生成三处灌木散布在场景中，完美融入原图

图3-16　涂鸦重绘

使用者借助其他修图工具，如Photoshop可为图像制作更加精致的蒙版，并在参考图对应的区域内生成新内容。该界面共有两个用于上传图像的窗口，上方用于上传原图，下方用于上传蒙版。在生成图像时，Stable Diffusion将结合上下两图，识别出原图中需要重绘的区域。

找到一张写实风模特生成图，使用Photoshop抠出模特的上衣部分，将其填充为白色，即蒙版区域，其余部分填充为黑色，即其他区域，分别导入到Stable Diffusion"上传重绘蒙版"界面的两个窗口，在提示词输入框中填入"white dress"，点击"生成"按钮，即可将人物原来的粉色礼服替换为白色连衣裙（图3-17）。

（a）上传重绘蒙版。上方窗口导入原图，下方导入黑白蒙版图，是进行局部重绘的必要条件；（b）原图。原图模特身着丝绸质感的粉色礼服，抠图时用"抹平"工具适度抹平服装褶皱，避免产生不良效果；（c）生成图像。通过局部重绘，将模特原来的粉色礼服替换为白色连衣裙，轻松实现换装效果

图3-17　上传重绘蒙版

### 3.3.4 批量处理

批量处理是对前面几项功能的综合拓展，其功能是根据指定目标连续处理多张图像。该界面与其他功能相比多出四个输入框，用于填写图像存放路径，下方的"PNG图像信息"用于放置使用Stable Diffusion生成好的图像，系统将会自动提取图像的参数信息用于新图的生成，和上方存放路径中的图像一一对应（图3-18～图3-22）。

**1. 置入图片**

新建文件夹放入生成参考图，将其路径复制并粘贴至"输入目录"，注意路径中不要出现中文（图3-19）。

**2. 指定输出图目录**

新建空文件夹，将其路径复制并粘贴至"输出目录"（图3-20）。

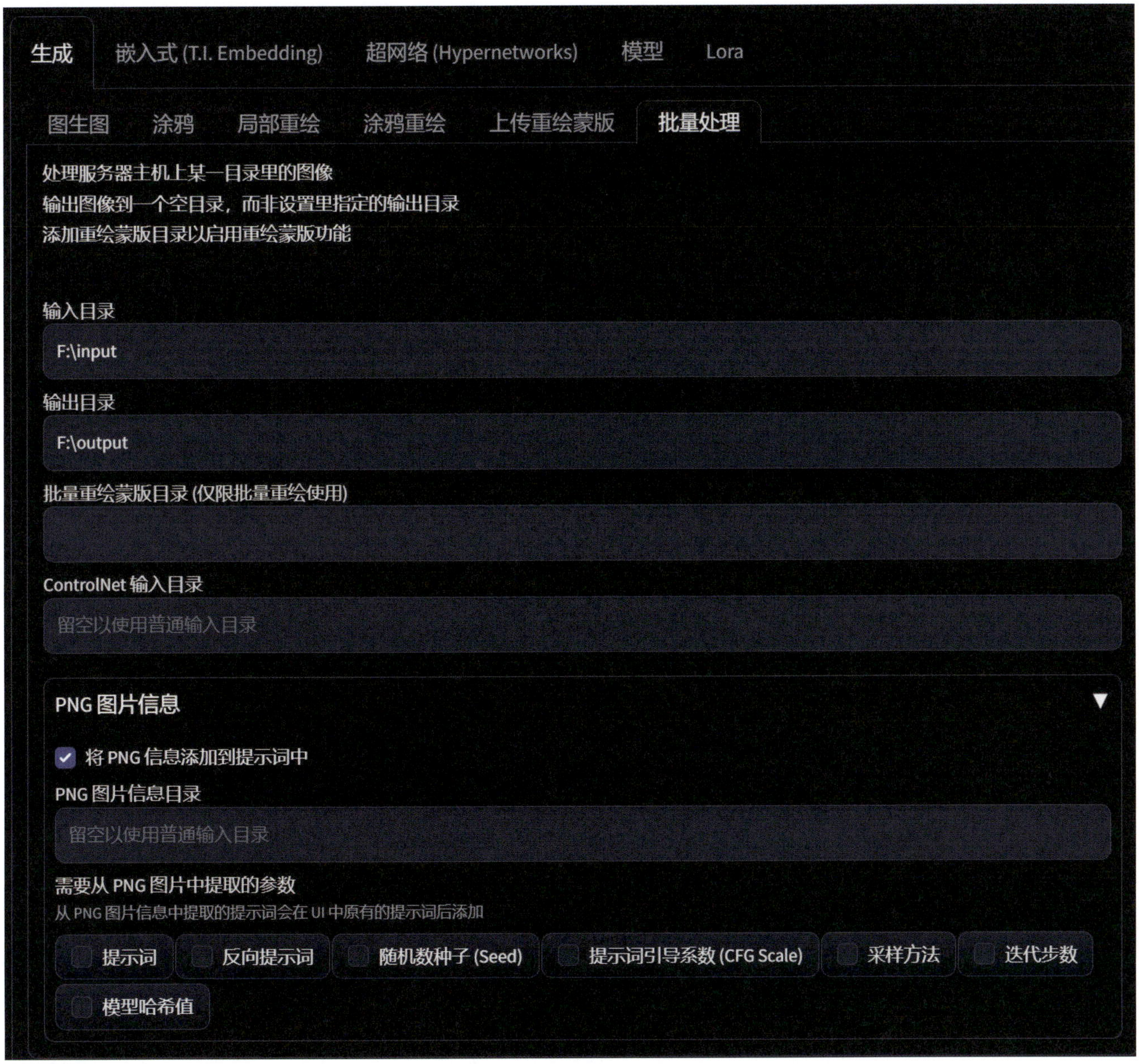

图3-18 批量处理
批量处理界面包括图片目录和png处理信息面板，根据需要对信息进行相应的填写和勾选

（a）参考图文件夹　　　　　　　　　　　　（b）填写输入目录（一）

图3-19　参考图目录

（a）输出图文件夹　　　　　　　　　　　　（b）填写输出目录（二）

图3-20　输出图目录

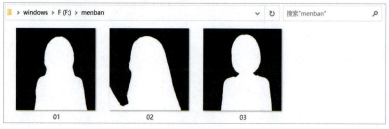

（a）蒙版文件夹　　　　　　　　　　　　（b）填写蒙版目录

图3-21　输出图目录

### 3. 添加蒙版

将参考图使用Photoshop处理成蒙版图像，同样放入文件夹并将路径粘贴至"批量重绘蒙版目录"，根据参考图内容输入提示词"1girl, blue hair, red shirt, upper body, highres, absurdres"，点击"生成"按钮（图3-21）。

### 4. 生成完毕

生成后来到"输出目录"对应的文件夹，发现其中存放着3张生成图，说明处理成功（图3-22）。

图3-22　生成效果

# 3.4 设计案例：图生图出图

Stable Diffusion中的图生图功能十分强大，为AI绘画带来了更多的灵活性，给使用者提供了丰富的素材和灵感，还大大提高了创作效率，助力使用者在各个领域发挥出更高的创意水平。下面将结合具体案例，展示Stable Diffusion图生图的应用效果。

## 3.4.1 定制图像

通过对Stable Diffusion中图生图功能的运用，使用者可以得到实用且充满趣味性的个性化定制作品。Stable Diffusion不仅可以将现实中拍摄的照片转换为特定画风的图像，还能满足不同题材的需求，包括风景、花卉、真人摄影等，让使用者轻松实现个性化定制，实现艺术融入生活，让每个人都能成为艺术家，创造出属于自己的独特作品（图3-23～图3-25）。

## 3.4.2 更换服装色彩

生成服装模特后，有时会感觉服装的款型、色彩并不能完全达到预期效果，此时可以对其进行手动更改。Stable Diffusion的涂鸦功能允许用户在图像上自由创作，绘制各种图案和色彩，用户只需轻松几步，就能快速更换图像中人物的服装色彩，让创作变得更加灵活和多样。以生成的模特试衣图为例，示范如何使用涂鸦功能更改T恤衫的颜色（图3-26）。

## 3.4.3 更换墙面颜色

在生成室内装修效果图之后，有时需要对局部饰面的颜色进行二次更改。Stable Diffusion的涂鸦蒙版功能，通过在图像上绘制颜色蒙版，将需要更换颜色的区域与背景分离，通过调整蒙版区域的颜色来实现墙面颜色的更换，这种方法操作简单，效果直观，非常适合用于室内设计（图3-27）。

（a）写实风向日葵。写实风向日葵花海场景，花朵灿烂盛开，画面色彩干净温暖；（b）插画风向日葵。画风转换提示词为"highres, absurdres, sunflower, blue sky, cloud, day, flower field, horizon, no humans, road, scenery, summer"，重绘幅度为"0.75"

图3-23 向日葵定制图像

（a）写实风菊花。菊花近距离特写图像，色彩饱和度较高，给人一种明艳奔放的整体感觉；（b）插画风菊花。画风转换提示词为"highres, absurdres, chrysanthemum, flower, blue sky, day, horizon, no humans, scenery, sky, summer"，重绘幅度为"0.75"

图3-24　菊花定制图像

（a）写实风森林公园。森林公园定制图像；（b）插画风森林公园。画风转换提示词为"highres, absurdres, chrysanthemum, flower, blue sky, day, horizon, no humans, scenery, sky, summer"，重绘幅度为"0.75"

图3-25　森林公园定制图像

（a）黄色T恤衫。T恤衫的颜色为明黄色，想要对其进行更改，先将该区域涂抹转换成蒙版；（b）绿色T恤衫。输入提示词"green T-shirt"，重绘幅度为0.75，该区域的衣服面料自动变为绿色；（c）蓝色T恤衫。输入提示词"blue T-shirt"，重绘幅度为0.75，该区域的衣服面料自动变为蓝色

图3-26 更换服装色彩

（a）原图。室内设施格调单一，空间氛围显得有些单调；（b）黄色墙面。输入提示词"yellow wall"，使用明黄色涂抹墙面区域，切换到一个建筑专用大模型，重绘幅度为0.75，蒙版边缘模糊度为7，蒙版透明度为35，其余参数保持默认。生成完毕后，将图像导入到图生图进行二次生成，重绘幅度为0.45，修复墙壁边缘的扭曲形态；（c）蓝色墙面。输入提示词"yellow wall"，使用蓝色涂抹墙面区域，重复上述步骤

图3-27 更换墙面色彩

## 本章小结

Stable Diffusion允许使用者通过调整参数实现对图像风格的灵活控制，可以根据需要调整和修改图像的清晰度与局部细节，甚至可以模拟不同的绘画风格，如水彩、素描、油画等。本章从Stable Diffusion图生图的基本参数和原理入手，对其应用方式进行深入讲解和说明，并引入多个实践案例，详解操作步骤，来帮助读者更好理解其实际功能和底层逻辑。

## 课后练习

（1）什么是图生图？图生图界面包含哪些基本参数？

（2）什么是缩放模式？一般情况下使用哪一种缩放模式为好？

（3）不同的重绘幅度对生图效果有何影响？

（4）局部重绘的主要功能是什么？如何通过它来修改图像局部？

（5）实践操作：选择3～5张现实生活中的室内场景照片，将其转换为不同画风的图像。

（6）实践操作：使用局部重绘功能修改人物或动物图像局部。

（7）实践操作：使用涂鸦功能修改风景图像局部。

# 第4章
# 使用提示词

识读难度：★★★★★

核心概念：提示词输入、正向、反向、调用、预设、语法格式、权重

图4-1 赛博都市生成图

**本章导读**

提示词是Stable Diffusion乃至众多AI绘画相关软件的核心，是人与机器沟通的关键信息。正确使用提示词，是掌握其他功能的前提条件。Stable Diffusion有自己独特的提示词输入规则，随着其版本的不断升级，提示词的编写变得相对简单，但想进一步提升出图效果，掌握提示词书写的基本规则并对其拥有充分的熟练度是必不可少的环节，只有这样才能让自己的想法与要求更好地被程序所采纳，从而获得更为理想的图像反馈（图4-1）。

# 4.1 提示词基础

提示词（Prompt）是指输入的文本信息，其目的在于指导模型生成符合使用者要求的图像，向AI传达希望创作的内容及期望呈现的风格。提示词所涵盖的内容极为广泛，涉及作品的中心主题、艺术风格及形象特征，包括一些具体的元素和细节。在Stable Diffusion的最新版本中，提示词输入区功能已经十分丰富，弥补了之前版本的不足，便利性大大提升。

## 4.1.1 提示词输入区

提示词输入区包括"提示词输入框""词库"等相关的功能按钮。可以直接点击"提示词输入框"输入，或是在右侧的默认输入框中输入后点击回车，方式比较灵活。点击"提示词"左侧按键展开词库面板，其中包含多个标签，点开即可使用不同类型的提示词。

提示词输入框下方有一排功能按钮，分别为"语言""设置""历史记录""收藏列表""一键翻译""复制关键词""删除关键词"，将光标悬浮在"设置"按钮上，可以发现界面中出现一排按钮，包括"翻译接口""格式""黑名单""快捷键"等，根据需要进行设置（图4-2）。

## 4.1.2 正向提示词

正向提示词是指希望在画面中出现的内容，是控制画面的关键。在正向提示词输入框中输入"a cat, indoor"，即可生成一张小猫身处室内的特写镜头。虽然想要的画面内容已基本呈现，但是画面所呈现的内容十分有限，均匀的光照和平视视角显得比较平淡乏味，给人的视觉体验不够丰富。针对这些问题，添加质量类提示词"masterpiece, best quality"物品类提示词"床，窗户，衣柜，摆件"，光照类提示词"轮廓光"，视角提示词"半俯视"，点击"生成"按钮。因为加入了更加丰富的关键词，最终生成的画面更加符合需求（图4-3）。

正向提示词的主要格式为：质量＋风格＋主体＋场景＋细节（光照、镜头视角、lora插件），根据实际要求做适当删减即可（图4-4）。

**图4-2 提示词输入区**
提示词输入区包括提示词输入框、词库和相关的功能按钮，输入提示词后，输入框下方弹出词条，可点击按钮进行翻译

（a）小猫特写镜头。由于视野狭窄，所呈现出的内容十分有限，不能充分表现出室内场景及物品陈设；（b）小猫效果加强。通过增加提示词让画面效果得到加强，轮廓光凸显出氛围感，使画面更加美观，观赏性大大增强

图4-3　增加正向提示词后的效果

```
                                                              24/75
masterpiece,best quality,
a cat,indoor,bed,window,(open_book),
rim light,half down,
```

图4-4　正向提示词书写格式
第一行为质量提示词，中间行为画面主体与场景陈设，最下行为光照和镜头视角，在实际操作中，按照该格式对关键词进行填写

### 4.1.3　反向提示词

　　与正向提示词相反，反向提示词指禁止在画面中出现的内容，用于告诉稳定扩散模型不希望在生成的图像中出现的元素。生成一张室内效果图，不希望画面中有过多植物元素，于是在反向提示词输入框中打上"植物"，点击"生成"按钮，图中不会有植物相关的元素出现（图4-5）。

　　反向提示词的主要格式为：较差质量 + 禁止出现的元素。通用提示词包括：NSFW, worst quality、low quality、ugly、blurry、extra legs、bad hands等，主要是为了防止生成低质、模糊图片，出现错乱元素

和坏手、坏脚而设定的，基本适用于所有生成主题（图4-6）。

### 4.1.4　保存与调用提示词

　　在提示词输入框中输入完提示词后，若希望能将其保存以便下次使用，可以使用预设提示词的方式来实现。点击"生成"按钮下方按钮操作区中的"编辑预设样式"画笔按钮，此时弹出预设样式窗口，点击最左侧"复制主界面提示词"按钮，即可将提示词输入框中的文本导入该窗口，在最上方输入框为该组提示词命名，操作完成后，点击"保存"按钮（图4-7、图4-8）。

（a）带植物室内效果图。窗外的景观绿化在画面中占有较大的比重，尽管显得生机勃勃，却与室内的家具陈设格格不入，视觉上形成了强烈的对比，割裂了室内设计的整体感，削弱了家具陈设的主体地位；（b）不带植物室内效果图。通过添加反向提示词来控制画面内容，避免被不相干元素喧宾夺主，使观众的视觉聚焦于室内的家具陈设

图4-5　控制画面元素

0/75

NSFW,face,distorted person,blur,blurry,(distorted lines:2),(worst quality:2),(low quality:2),monochrome,grayscale,drawing,painting,crayon,sketch,graphite,soft,deformed,ugly,dirt,graying,wrong perspective,signature,text,word,logo,cropped,out of frame,nsfw,lowres,bad anatomy,bad hands,text,error,missing fingers,extra digit,fewer digits,cropped,worst quality,low quality,normal quality,jpeg artifacts,signature,watermark,username,blurry,man,

（a）有反向提示词。灯光效果优秀，室内布置简洁干净，结构合理，室内空间给人以明亮、宽敞、舒适的感受。灯光、家具、陈设等元素的搭配和谐，呈现出温馨的家居氛围，整体效果较好；（b）无反向提示词。画面显得有些冗杂，书架中的陈设物品发生了一些不合理的畸变，给人一种压抑、拥挤的感觉。家具、陈设的搭配不太和谐，整体效果一般；（c）反向提示词书写内容。反向提示词包括一切不希望出现在图像中的元素，有低质量、坏手、坏脚等相关提示词，有助于进一步提升画面质量

图4-6　提高画面质量

**图4-7 点击按钮**
点击按钮操作区的画笔图标按钮，对预设样式进行添加和编辑

**图4-8 导入提示词并保存**
将提示词文本导入该窗口后，对其进行命名，操作完成之后下方亮起"保存"按钮，进行保存后关闭该窗口

**图4-9 选中预设**
创建提示词预设后，点击按钮操作区的预设下拉菜单选中预设，在点击上方"将所有当前预设添加到提示词中"按钮，调用提示词

回到主界面，点击"生成"按钮下方的"预设"下拉菜单，即可看到上次保存的提示词名称，单击将其选中，并点击"将所有当前预设添加到提示词中"按钮，即可成功调用提示词（图4-9）。

### 4.1.5 编辑预设提示词

要对预设提示词进行修改和编辑，有两种方式可以选择。

图4-10 编辑预设提示词
来到预设样式窗口后，可对相关预设进行编辑修改，也可对其进行删除

（1）在Stable Diffusion主界面的按钮操作区点击"编辑预设样式"按钮，在弹出的预设样式窗口中的下拉菜单中选中想要编辑的预设，对预设提示词进行修改，完成之后点击"保存"按钮（图4-10）。

（2）在Stable Diffusion的根目录下找到名为"styles.csv"的文件，将其打开方式改为"用记事本打开"，双击进入文件。通过观察发现，styles.csv中的文本数据按照特定的格式排列，每个预设分为：预设名称、正向提示词、反向提示词等3个字段，各字段之间以英文逗号分隔（图4-11、图4-12）。

按照这种格式来编辑文本文档，对预设提示词进行修改。若需移除预设，直接删除相应的文本行即可。在编辑完成后务必保存更改，为防数据丢失，修改之前最好对原文件进行备份。

| README.md | 2023/12/16 16:37 | MD 文件 | 12 KB |
| requirements | 2023/9/1 0:35 | 文本文档 | 1 KB |
| requirements_versions | 2023/12/16 16:37 | 文本文档 | 1 KB |
| requirements-test | 2023/6/3 19:05 | 文本文档 | 1 KB |
| screenshot | 2023/1/29 10:52 | PNG 图片文件 | 411 KB |
| script | 2023/12/16 16:37 | JavaScript 文件 | 6 KB |
| style | 2023/12/16 16:37 | 层叠样式表文档 | 23 KB |
| styles | 2024/7/16 14:35 | CSV 文件 | 3 KB |
| styles.csv.bak | 2024/7/16 14:35 | BAK 文件 | 2 KB |
| ui-config.json | 2024/7/16 14:07 | JSON 文件 | 158 KB |
| webui | 2023/12/16 16:37 | Windows 批处理文件 | 3 KB |
| webui | 2023/12/16 16:37 | Python File | 6 KB |
| webui.sh | 2023/12/16 16:37 | SH 文件 | 9 KB |
| webui-macos-env.sh | 2023/9/1 0:35 | SH 文件 | 1 KB |
| webui-user | 2022/11/21 11:33 | Windows 批处理文件 | 1 KB |
| webui-user.sh | 2023/8/27 11:04 | SH 文件 | 2 KB |

图4-11 Stable Diffusion
根目录
来到Stable Diffusion根目录，将其下拉到底部找到"styles.csv"文件

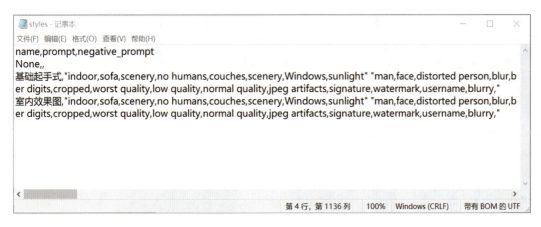

图4-12 打开"styles.csv"文件

打开"styles.csv"文件，根据需要对提示词进行更改。更改完成之后，重启stable diffusion即可生效

# 4.2 提示词语法格式

Stable Diffusion的提示词书写不仅是英文单词和逗号的简单罗列，还是有一套自成体系的语法格式，通过掌握提示词的语法格式，可以将要求更加精准地传递给Stable Diffusion，进而让生成的画面效果更好地满足预期，实现预定效果。

## 4.2.1 提示词数量控制

输入提示词时，可以看到提示词输入框右上角的"0/75"计数，实时显示当前提示词的数量。一般情况下，提示词数量应控制在75个单词以内，超过这个数值后，靠前的提示词权重被分散，最终生成的图像可能会和想要的画面效果起冲突。细节补充：使用包含75个单词的提示词文本生成图片，效果如下（图4-13）。

提示词：8K, masterpiece, best quality, ultra high res, 1girl,open_mouth, solo, black hair, white shirt, standing, barefoot, black skirt, tree, leaf, plant, white flower, wide shot, grocery store, flowers, vines, lemons, water, swimming pool, sunshade umbrella, cute cats, road signs.

提示词翻译：8k，杰作，最佳品质，1个女孩，户外，独自，黑发，白衬衫，站着，赤脚，黑裙子，树，叶子，植物，白花，广角镜头，杂货店，花，藤蔓，柠檬，水果，水，游泳池，遮阳伞，可爱的猫，路标，游泳圈，水滴。

加入其他不相关的提示词进行干扰，此时提示词文本增长为100个单词，效果如下（图4-14）。

提示词：8K, masterpiece, best quality, 1girl, open_mouth, solo, black hair, white shirt, standing, barefoot, black skirt, tree, leaf, plant, white flower, wide shot, grocery store, flowers, vines, lemons, fruit, water, swimming pool,sunshade umbrella, cute cats, road signs, Swimming rings, water droplets, castle, city, temple, bus stop, gown, cheongsam, wedding_dress, school_uniform, sailor.

提示词翻译：8K，杰作，最佳品质，1个女孩，户外，独自，黑发，白衬衫，站着，赤脚，黑裙子，树，叶子，植物，白花，广角镜头，杂货店，花，藤蔓，柠檬，水果，水，游泳池，遮阳伞，可爱的猫，路标，游泳圈，水滴，城堡，城市，寺庙，公交车站，长袍，旗袍，婚纱，学校制服，水手。

## 4.2.2 提示词权重强弱

权重即提示词对画面的影响强度。在Stable Diffusion中，每个提示词的默认权重为1，越靠前的提示词权重越强，反之则越弱。因此，要尽量将想要重点表现的提示词写在前面，处于次要地位的画面元素放在靠后的位置。分别输入提示词"A girl, coffee shop"和"coffee shop, A girl"，点击"生成"按钮，查看效果（图4-15）。

图4-13　提示词数量75

生成画面与提示词的描述基本一致，包含女孩、游泳池、树丛、猫咪等画面元素

图4-14　提示词数量100

由于在提示词中加入了"城市""长袍""水手服"等词汇，导致人物的着装相较原来发生了较大的改变，同时，原来画面中猫咪、黑裙子的成分消失不见，游泳池变为水坑，说明随着新提示词的加入，先前输入的提示词影响在一定程度上被弱化

（a）女孩权重高。女孩在画面中所占的比重较大，给了上半身一个特写镜头，整幅图像的视觉中心聚焦在人物面部；（b）咖啡厅权重高。女孩在画面中所占的比重较小，面部距离镜头较远，图像重点突出了咖啡厅的布景与灯光效果

图4-15　提示词位置对比

除了调整书写顺序，还可通过添加"小括号（ ）"和"中括号［ ］"的形式来控制提示词权重。

- 小括号（ ）。给提示词套上"（ ）"，每叠加1层表示增加1.1倍权重，叠加3层即增加1.331倍权重。
- 给提示词套上"［ ］"。每叠加1层表示降低1.1倍权重，叠加3层即减少至0.751倍权重。

如果要更加快捷地对权重进行手动修改，可以采用（x：0.5）的格式，权重的取值范围控制在0.4~1.6，过低容易被忽视，过高则会导致出图效果错乱。分别输入提示词"Garden, red flower,（yellow：0.4）"和"Garden, red flower,（yellow：1.6）"，点击"生成"按钮，查看效果（图4-16）。

### 4.2.3 混合语法格式

想要对多种画面元素进行混合，有3种方法可以采用。

- 用"AND"和"|"对元素进行组合。AND是将输入的提示词特征融合在一起，"|"则只是单纯的对元素进行组合，分别输入提示词"red flower AND blue flower"和"red|blue flower"，点击"生成"按钮，查看效果。
- 用"AND"组合的提示词将输入的红蓝两色融合。生成了1张紫色花朵的图像，使用"|"组合的则是将不同颜色区分开来，生成了一朵蓝花和几朵红花（图4-17）。

（a）黄花权重低。红花和草坪是画面的主体元素，所占比重很大，而黄色花朵几乎看不到；（b）黄花权重高。黄花一跃成为画面中的主要表现对象，红花则退居次要位置

图4-16　提示词权重对比

（a）紫色花朵生成图。红蓝颜色混合得到紫色花朵，可以看出"AND"格式的生成原理是对不同的提示词特征进行融合，最终得到区别于二者的第三种形象；（b）红蓝花朵生成图。红蓝颜色界限较为明显，对比十分鲜明，说明"|"格式是将两种提示词进行组合而并非融合

图4-17　"AND"和"|"格式对比

图4-18　接近于狗
随机生成，得到的动物形象更接近于狗，保留了猫爪、胡须与狗的面部特征

图4-19　接近于猫
随机生成，得到的动物形象更接近于猫，保留了狗的站立姿态与形体特征

● 用"[ ]"＋"|"对元素进行混合。这种格式书写意味着在生成过程中对两种元素进行轮番绘制，相比"AND"融合效果更深入、全面。输入提示词"[ dog|cat ]"，点击"生成"按钮，查看效果。

两张图同时保留了猫狗的外表特征，一张更接近于狗，另一张则更接近于猫，多生成几批图片，选出自己满意的即可（图4-18、图4-19）。

### 4.2.4　渐变语法常用格式

渐变语法的主要作用是控制提示词的生效时间。主要格式为：[ 提示词A：提示词B：迭代值 ]。
● 提示词A。是画面的早期状态。
● 提示词B。是画面的后期状态。
● 迭代值。是迭代步数数值，表示画面从哪一步停止对提示词A描述内容的生成，开始生成提示词B，既可以填入数字，也可填入百分比。

输入提示词"[ Forests: flowers: 0.7 ]"，表示前70%的迭代步数用于生成森林，后30%的迭代步数用于生成鲜花，点击"生成"按钮，查看效果（图4-20）。

除此之外，该格式还有其他衍生用法。[ 提示词：迭代值 ] 格式表示到达一定迭代步数后开始生成括号内提示词描述内容，[ 提示词：迭代值 ] 格式表示在一定迭代步数到达之前生成括号内提示词描述内容。输入"Forests [ flowers: 0.7 ]"表示前70%的迭代步数用于生成森林，到达70%之后开始生成鲜花；输入"Forests [ flowers: 0.7 ]"，表示前70%的迭代步数用于生成森林和鲜花，到达70%之后停止生成鲜花，点击"生成"按钮，查看效果（图4-21）。

## 4.3　设计案例：提示词出图

AI绘画的提示词设计具有很强的灵活性，使用者可以根据自己的需求调整提示词，让系统对关键词进行解析。系统会根据关键词的语义，生成一系列与之相关的视觉元素，使作品更加符合用户的喜好。下面列举几个设计案例，帮助更好理解上述理论。

（a）树林场景生成步骤（迭代步数0～20）。用到的迭代步数为20, 14之前绘制树林，14之后开始生成花朵的形态，场景的细节也不断完善，最终得到1张树林场景生成图；（b）生成效果。由于花朵用到的采样步数较少，形态略显模糊，给人的感觉比较朦胧

图4-20 树林场景生成图

（a）森林场景生成步骤（迭代步数0～20）。用到的迭代步数为20，14之前绘制树林与花朵，14之后停止生成花朵，继续细化树林，最终得到一张树林场景生成图；（b）生成效果。花朵经过迭代步数14的采样，形态已经比较完善，得到一幅优美动人的森林场景生成图

图4-21　森林场景生成图

## 4.3.1 混合人物发色

通过输入提示词来生成不同发色的人物形象，将两种或多种颜色混入头发，彰显出时尚感和现代感，为人物的整体造型增添独特魅力。这里使用"AND"语法格式，生成两批不同画风的人物混合发色效果图（图4-22、图4-23）。

## 4.3.2 混合科幻动物

通过运用提示词，将自己的想法表述给Stable Diffusion，可以生成各种各样富有奇幻色彩的动物混合体，为使用者提供意想不到的灵感创意。值得注意的是，混合的两个物种最好具有一定相似性，如老鹰与企鹅都生有喙，小鸟与蝴蝶都长有翅膀，否则二者难以混

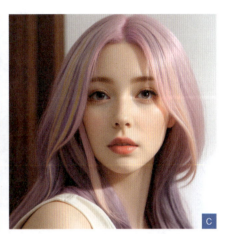

（a）红蓝混合发色。输入提示词"red hair AND blue hair"，生成饱和度较高的红蓝两色搭配，营造出强烈冲突感，形成对比鲜明的视觉效果；（b）棕绿混合发色。输入提示词"brown hair AND yellow hair"，生成棕黄色头发，并自动延伸出部分绿色，颇具高级感与时尚感；（c）粉紫混合发色。输入提示词"pink hair AND purple hair"，生成粉紫两色搭配，新颖有趣

图4-22 写实人物混合发色

（a）蓝白混合发色。输入提示词"white hair AND blue hair"，生成饱和度较高的白蓝两色搭配，营造出强烈冲突感，形成对比鲜明的视觉效果；（b）红蓝混合发色。输入提示词"red hair AND blue hair"，生成饱和度较高的红蓝两色搭配，营造出强烈冲突感，形成对比鲜明的视觉效果；（c）棕绿混合发色。输入提示词"brown hair AND yellow hair"，生成棕黄色头发，并自动延伸出部分绿色，颇具高级感与时尚感

图4-23 二次元人物混合发色

合，导致画面出现错乱。这里使用"[  ]"+"|"的语法格式，生成3张科幻动物混合效果图（图4-24）。

### 4.3.3　园林景观效果图

园林景观设计是城市建设的重要组成部分，传统的景观设计往往需要花费大量时间和精力进行手工制作，效率低下。Stable Diffusion技术的出现，为使用者提供了更为便捷、高效的创作手段。使用者需要根据园林景观的设计需求，填写相应提示词来进行描述，包括景观的基本元素，如地形、植被、水体、建筑等，以及景观的整体风格和氛围（图4-25）。

（a）老鹰混合企鹅。输入提示词"[ eagle|penguin ]"，将老鹰的头部与企鹅的身体组合在一起；（b）猫咪混合兔子。输入提示词"[ cat|rabbit ]"，将猫咪的头部与兔子的耳朵组合在一起；（c）小鸟混合蝴蝶。输入提示词"[ bird|butterfly ]"，将小鸟的身体与蝴蝶的翅膀组合在一起

图4-24　混合科幻动物

（a）庭院景观效果图。输入提示词"masterpiece, best quality, rock, day, Best Lighting, a large stone boulder in a modern garden setting with a tree and rock wall in the background"，生成庭院景观效果图；（b）远景景观效果图。输入提示词"8K, masterpiece, best quality, extreme-description, tree, grass, rock, night, Overall black color scheme with modern water feature, a modern courtyard, surrounded by secret mountains and forests, forest wind, advanced sense, harklight, stylized pines, Rich plant groupings"，生成远景为山脉和树林的庭院效果图；（c）近景景观效果图。输入提示词"8K, masterpiece, best quality, extreme-description, tree, grass, flower, day, Overall black color scheme with modern water feature, a modern courtyard, forest wind, advanced sense, harklight, stylized pines, Rich plant groupings"，生成带有水池的庭院效果图

图4-25 园林景观效果图

## 本章小结

本章主要介绍提示词的基本概念与书写方法，对与提示词相关的扩展功能和语法格式进行详细讲解，深入解析操作流程，将图片信息与提示词文本相结合，帮助读者学以致用。通过运用提示词，使用简洁、明确的语言描述创作意图，以便Stable Diffusion更好地理解并生成相应的图像，从而帮助使用者打破传统创作的局限，引导AI创作出符合自己创意需求的艺术作品。

## 课后练习

（1）提示词的含义是什么？对生图起到哪些作用？

（2）提示词包含哪些内容？其书写格式是什么？

（3）怎样保存和调用预设提示词？可以用哪两种方式进行删除和修改？

（4）提示词的权重对于生图效果有何影响？怎样控制提示词的权重大小？

（5）实践操作：尝试使用渐变语法常用格式生成风景图像。

（6）实践操作：使用混合语法格式生成3～5张混合科幻动物图像。

（7）实践操作：通过书写提示词的方式生成3～5张园林景观效果图。

第 5 章

# 模型与Lora运用

识读难度：★★★★☆

核心概念：模型、VAE、融合、Lora、训练方法、配合出图

图5-1 不同模型的运用

**本章导读**

　　在Stable Diffusion中，要想生成效果多样化的风格图像，主要依靠不同的模型来实现。模型指经过深度学习训练后形成的程序文件集合，大模型和Lora是生图时使用频率最高的模型，通过合理运用模型，能够生成出风格特色各异的图像。通过本章学习，读者能够掌握各类模型下载方法、使用方法及训练技巧。此外，读者还能深刻地理解模型运作的内在机制。凭借这种理解，结合不同模型与Lora技术的灵活应用，不仅能够生成多样化效果的图像，还能够进一步提高读者的操作技能，实现图像生成能力的全面提升（图5-1）。

# 5.1 大模型基础知识

大模型即checkpoint模型，容量大小普遍为2～7G，包含的数据信息量很大。大模型是Stable Diffusion生成图像的基础，其他所有模型的使用几乎都围绕大模型而展开。

## 5.1.1 模型介绍

在AIGC领域，研究人员为了让计算机展现出智能化特征，投入大量数据并指导计算机对其进行学习，使其从中提取知识，完成多样化的任务。Stable Diffusion的出图原理与其相似，通过加入各种图片对算法进行系统训练，让其实现对各类图片信息特征的学习，进而成功生图。训练得到的程序文件集合称为"模型"。不同于传统数据库，模型储存的并非是诸多直观的原始图像，而是由图像特征转化而成的代码，更类似于一个存储了海量图像信息的高级智能体。根据使用者输入的提示词，模型将自主选取相关信息片段进行重构，最终产出一幅图像。

在Stable Diffusion中，有两种应用较广的模型后缀，分别是".ckpt"和".safetensors"。

- .ckpt。即checkpoint的缩写，对应的中文名称为"检查点"，在训练过程中能够自动对不同时期的训练数据进行存档，可以保存训练过程中的模型参数，以便出错时恢复训练过程。.ckpt体积容量较大，适合在其基础上进行调整和融合，从而训练出新的模型。

- .safetensors。是一种较新的模型存储格式，只保存模型的最终版本，而不包含训练过程中的其他详细信息。.safetensors体积容量较小，加载更快，不容易出现错误代码，为当前Stable Diffusion主要使用模型格式（图5-2）。

## 5.1.2 下载并安装模型

模型的下载安装方式多种多样，可以在各种网站社区，如Civital、LiblibAI中下载爱好者训练、融合好的模型，也可以在网络平台上直接下载整合包，方法较简单（图5-3）。

（a）ckpt模型生成的图片。输入相同的关键词，运用不同的ckpt模型能生成出两种不同风格的图片；（b）safetensors模型生成的图片。输入相同的关键词，运用不同的safetensors模型能生成出两种不同风格的图片

图5-2　ckpt与safetensors模型生成的图片

下载完成后，即可使用模型。将模型文件存放到Stable Diffusion 安装目录下的models\Stable-diffusion文件夹中，删除模型、修改模型名称也是在该目录下进行。如果在WebUI打开的情况下添加新模型，则需要刷新程序界面，点击底部"重载WebUI"按钮，重新加载页面，即可在左上角的"Stable Diffusion模型"下拉菜单中看到新下载的大模型（图5-4）。

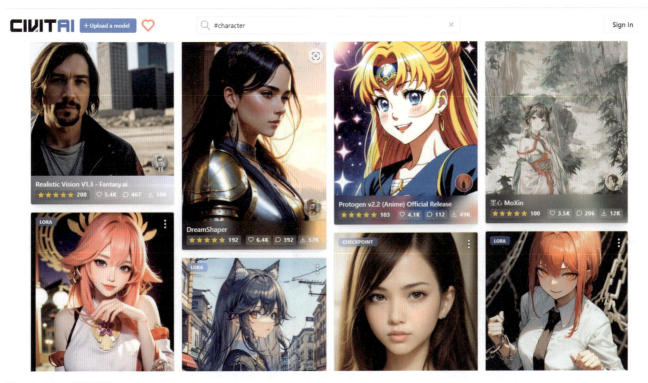

**图5-3　civitai模型网站**
civitai汇集了众多stable diffusion模型创作者的作品，可在该网站上进行模型下载和模型训练

| > windows > 绘画 (E:) > sd-webui-aki-v4.6.1 > models > Stable-diffusion | | |
|---|---|---|
| 名称 | 类型 | 大小 |
| 建筑_ARCH_MIX_V0.5.safetensors | SAFETENSORS 文件 | 2,082,643 KB |
| 园林景观v1.0_v1.0.safetensors | SAFETENSORS 文件 | 2,082,644 KB |
| GuFeng_v2.0.safetensors | SAFETENSORS 文件 | 4,144,627 KB |
| AWPainting_v1.2.safetensors | SAFETENSORS 文件 | 2,082,643 KB |
| IP DESIGN_v2.0.safetensors | SAFETENSORS 文件 | 2,082,643 KB |
| 漫画推文_v1.0.ckpt | CKPT 文件 | 5,801,284 KB |
| sweetSugarSyndrome_rev10.safetensors | SAFETENSORS 文件 | 2,082,668 KB |
| chilloutmix_NiPrunedFp32Fix.safetensors | SAFETENSORS 文件 | 4,165,134 KB |
| anything-v5-PrtRE.safetensors | SAFETENSORS 文件 | 2,082,643 KB |
| Anything-V3.0-pruned-fp16.ckpt | CKPT 文件 | 2,082,869 KB |

Stable Diffusion 模型

Anything V5_V3_V5[Prt-RE].safetensors [7f96a1a ▼

✓ Anything V5_V3_V5[Prt-RE].safetensors [7f96a1a9ca]
Anything-V3.0-pruned-fp16.ckpt [812cd9f9d9]
anything-v5-PrtRE.safetensors [7f96a1a9ca]
AWPainting_v1.2.safetensors [3d1b3c42ec]
chilloutmix_NiPrunedFp32Fix.safetensors [fc2511737a]
GuFeng_v2.0.safetensors
IP DESIGN_v2.0.safetensors [e07b453b47]
sweetSugarSyndrome_rev10.safetensors [6bdf37610d]
园林景观v1.0_v1.0.safetensors
建筑_ARCH_MIX_V0.5.safetensors
漫画推文_v1.0.ckpt

（a）大模型存放路径。来到根目录下的models文件夹，名为Stable-diffusion的子文件夹就是大模型的存放位置；（b）大模型下拉菜单。点击Stable Diffusion界面左上角的下拉菜单，点击模型名称切换到需要选择的模型进行生图

**图5-4　大模型存放位置及查看方式**

### 5.1.3 切换模型

模型下载安装完成后，接下来就是对不同模型的使用和切换。在Stable Diffusion界面中，共有两种切换方式。

（1）点击界面左上角的"Stable Diffusion 模型"下拉菜单，选择需要的大模型进行点击。

（2）点击提示词输入区下方的模型选项卡，查看下载的大模型名称，在右侧搜索栏中输入想要使用的模型名称即可快速找到。

若想要查看模型相关信息，光标悬浮在对应模型上，点击扳手图标弹出模型信息窗口，可添加模型描述、对应VAE和注意事项（图5-5）。

如果想要给模型添加预览图来帮助识别，打开根目录中的models\Stable-diffusion 文件夹，拖入想要添加的图片，将其名称和大模型保持一致，重载WebUI即可看到模型名称上方自动显示对应图片（图5-6）。

### 5.1.4 外挂VAE模型

VAE的全称为变分自动编码器（Variational Auto-Encoder），是一种人工神经网络结构，其主要作用是在大模型的基础上进行效果微调，作用类似于修图软件中的滤镜，让生成图片的饱和度更为适宜。目前，从网络上下载的大模型一般自带VAE，无需额外下载，如果生成图像色彩效果较差，或是想尝试更加丰富的滤镜效

（a）模型选项卡。根目录下的models文件夹，名为Stable-diffusion的子文件夹就是大模型的存放位置；（b）模型信息窗口。在模型信息窗口输入提示信息或相对应的VAE，包括描述和注意事项，便于生图时进行识别和使用

**图5-5　模型切换方式**

| 名称 | 类型 | 大小 |
| --- | --- | --- |
| AWPainting_v1.2 | PNG 图片文件 | 288 KB |
| IP DESIGN_v2.0 | PNG 图片文件 | 633 KB |
| GuFeng_v2.0 | PNG 图片文件 | 759 KB |
| 园林景观v1.0_v1.0 | PNG 图片文件 | 828 KB |
| sweetSugarSyndrome_rev10 | PNG 图片文件 | 627 KB |
| 漫画推文_v1.0 | PNG 图片文件 | 639 KB |
| anything-v5-PrtRE | PNG 图片文件 | 787 KB |
| chilloutmix_NiPrunedFp32Fix | PNG 图片文件 | 1,432 KB |
| 建筑_ARCH_MIX_V0.5 | PNG 图片文件 | 451 KB |
| Anything-V3.0-pruned-fp16 | PNG 图片文件 | 913 KB |
| 建筑_ARCH_MIX_V0.5.safetensors | SAFETENSORS 文件 | 2,082,643 KB |
| 园林景观v1.0_v1.0.safetensors | SAFETENSORS 文件 | 2,082,644 KB |

**图5-6　添加模型预览图**

在模型存放文件夹中导入模型对应的生成图片，图片名称和模型名称保持一致，这样程序就会自动识别和模型相对应的图片作为预览图

（a）VAE模型存放路径。打开根目录下的models文件夹，名为VAE的子文件夹就是大模型的存放位置；（b）VAE模型下拉菜单。点击Stable Diffusion界面上方的下拉菜单，点击模型名称切换到需要选择的模型进行生图

**图5-7　VAE模型存放位置及查看方式**

（a）大模型适配VAE。选择大模型适配的写实风VAE模型，色彩效果鲜艳自然，画面细节得到凸显和强化；（b）大模型不适配VAE。选择大模型不适配的二次元VAE模型，画面色彩暗淡鲜艳自然，细节并不突出。

**图5-8　选择适配的VAE模型**

果，可以从各大网站或社区下载喜欢的VAE并存入根目录中的models\VAE文件夹（图5-7）。

　　VAE模型在界面中央的"外挂VAE模型"下拉菜单处查看，程序自带的VAE模型有"animevae.pt"和"vae-ft-mse-840000-ema-pruned.safetensors"两个，都适用于绝大多数情况。

- animevae.pt。适合二次元画风大模型，效果鲜艳。
- vae-ft-mse-840000-ema-pruned.safetensors。适合写实风格大模型，效果柔和（图5-8）。

## 5.1.5　模型融合方法

　　要想得到Stable Diffusion的基础大模型，最好的方式是从0开始，收集图像资源制作高质量数据集，并使用较强的GPU算力进行大模型训练，但这种模式对计算机的配置要求较高，通常需要耗费非常多的时间成本，对普通用户而言并不现实。这时可以采用大模型融合的方式，将官方大模型或其他爱好者制作的模型进行融合，在二者基础上得到新的大模型。

　　在界面顶部找到"超级模型融合"，如果没有安装这款插件，在"扩展——从网址安装"中输入地址"https://gitcode.net/ranting8323/sd-webui-supermerger.git"进行安装（图5-9）。

　　打开超级模型融合的操作界面，"配置加载至"意为使用上次设置的训练参数，merged model ID相当于模型的随机种子，记录训练模型时所使用的信息。Model A\B\C用于选择需要融合的几个模型，点击下拉菜单可以看到已经下载的大模型，这里"模型A"选择"AWPainting_v1.2"，"模型B"选择"anything-v5"，作为融合示例。融合算法就是模型的融合方式，提供几种融合选项，这里使用"加权和"（图5-10）。

图5-9  安装扩展插件

输入地址后点击安装，重载后在此打开界面即可看到"超级模型融合"选项卡

图5-10  基础设置

融合算法下方显示模型融合的计算公式，配合alpha值进行选择

- 加权和。计算公式为：A×（1-alpha）+B×alpha，alpha指模型权重，若alpha=0.4，A模型占0.6的权重，B模型占0.4的权重。

- 差额叠加。计算公式为：A+（B-C）×alpha，去除A模型与B模型的相同内容，指定权重并加入A模型的特性。

- Triple sum。计算公式为：A×（1-alpha-beta）+B×alpha+C×beta，指定B模型与C模型的权重后自动分配c模型的权重，支持3个大模型的融合。

- sum Twice。计算公式为：A×（1-alpha）+B×alpha）×（1-beta）+C×beta，同样支持3个大模型的融合。

- Calcutation Mode。指模型融合的计算方式，涉及数学函数，新手使用时保持默认的正常选项。

- alpha。由于使用的是加权和的融合选项，alpha值设为0.25，让模型A保留更多的权重。

- 使用分块合并。指采用分层方式融合模型，开启后设置的alpha值和beta值不起作用（图5-11）。

- 选项。用于控制模型的输出格式，勾选"safetensors"表示导出为safetensors文件，填写自定义名称为"ronhe"，保证融合完成之后能够得到独立大模型（图5-12）。

- 权重设置。选项卡用于对模型融合的分层数据进行调节，由于之前已经设置好了alpha值，这里保持默认参数（图5-13）。

- XYZ图。和脚本中XYZ图表一样，通过对不同的参数进行更改，最终得出最适合模型的参数组

图5-11 Calcutation Mode与使用分块合并

对alpha值和beta值进行设置，由于选择的融合算法的计算公式中只包含 alpha值，只设置好该值即可

图5-12 Calcutation Mode与使用分块合并

由于用于融合的两款模型自带VAE，"嵌入VAE模型"不进行选择

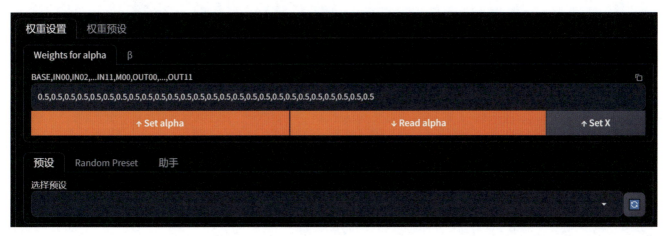

图5-13 权重设置

"Weights for alpha"用于设置分层的alpha权重，"beta"用于设置分层的beta权重，为分层图形与画面权重提供更精准的设定，这里不进行更改

合。例如，将X轴类型设置为alpha，X 轴值保持默认，将alpha设置为0.25、0.5、0.75这3个数值进行3次生成，每一次生成，模型的权重都有所变化（图5-14）。

- 生成参数。用于输入模型提示词，用来比对融合模型的生成效果，这里输入常规参数，单批数量

设为4批，点击右侧"融合并生成"查看融合效果（图5-15）。

界面右侧窗口出现预览图，说明模型融合完成，此时重载Web UI，即可调用刚刚生成的融合模型（图5-16、图5-1 7 ）。

图5-14　XYZ 图

默认的x轴值为"0.25, 0.5, 0.75"，也可自行修改

图5-15　设置生成参数

生成图片时比较常用的参数设置，设置完成后可将其设为默认以便下次融合时继续使用

**图5-16　融合模型**
生成4张模型效果图，图片上方显示模型融合的计算公式与存放路径，以便实时预览检查

| 名称 | 类型 | 大小 |
| --- | --- | --- |
| anything-v5-PrtRE.safetensors | SAFETENSORS 文件 | 2,082,643 KB |
| AWPainting_v1.2.safetensors | SAFETENSORS 文件 | 2,082,643 KB |
| chilloutmix_NiPrunedFp32Fix.safetensors | SAFETENSORS 文件 | 4,165,134 KB |
| GuFeng_v2.0.safetensors | SAFETENSORS 文件 | 4,144,627 KB |
| IP DESIGN_v2.0.safetensors | SAFETENSORS 文件 | 2,082,643 KB |
| Put Stable Diffusion checkpoints here | 文本文档 | 0 KB |
| ronhe.safetensors | SAFETENSORS 文件 | 2,082,643 KB |
| sweetSugarSyndrome_rev10.safetensors | SAFETENSORS 文件 | 2,082,668 KB |
| 建筑_ARCH_MIX_V0.5.safetensors | SAFETENSORS 文件 | 2,082,643 KB |
| 漫画推文_v1.0.ckpt | CKPT 文件 | 5,801,284 KB |
| 园林景观v1.0_v1.0.safetensors | SAFETENSORS 文件 | 2,082,644 KB |

**图5-17　模型存放位置**
融合得到的模型被放置在根目录下方的models\Stable Diffusion文件夹中，大小为1.98GB，今后可以随时调用

# 5.2 Lora使用方法

Lora模型是Stable Diffusion大模型中的微调模型，容量大小通常为几十到几百MB。Lora下载迅速，应用方便，适合各种配置的计算机。

## 5.2.1　Lora介绍

Lora模型是一种体积较小的绘画模型，其主要功能是对大模型图像进行画风微调，还可以生成特定的服装、人物、光影等诸多画面元素。Lora无法孤立使用，而是依赖于大模型进行生图，在存储和计算成本方面具有显著优势，计算机资源受限的情况下也能够轻松地加载并应用多个Lora模型，无须担忧存储空间的不足或计算资源的过度消耗。

Lora模型的下载是在各大网站社区上进行，模型下载完成后，将其置入程序根目录中的models\Lora文件夹，重载Web UI，在模型选项卡旁边的Lora选项卡处查看模型（图5-18）。

## 5.2.2　Lora权重设置方法

点击Lora模型名称即可将其加入正向提示词输入框，将该Lora应用到本次生图。此时，提示词输入框中自动显示Lora模型名称，名称被尖括号包围，后面紧跟冒号和数字1，表示Lora模型当前的权重，直接在提示词输入框进行修改即可调整权重（图5-19）。

权重最高为1，最低为0，为防止与大模型效果产生冲突，保持在0.6～0.8之间比较合适，以模型创作者给出的生成参考为准（图5-20）。

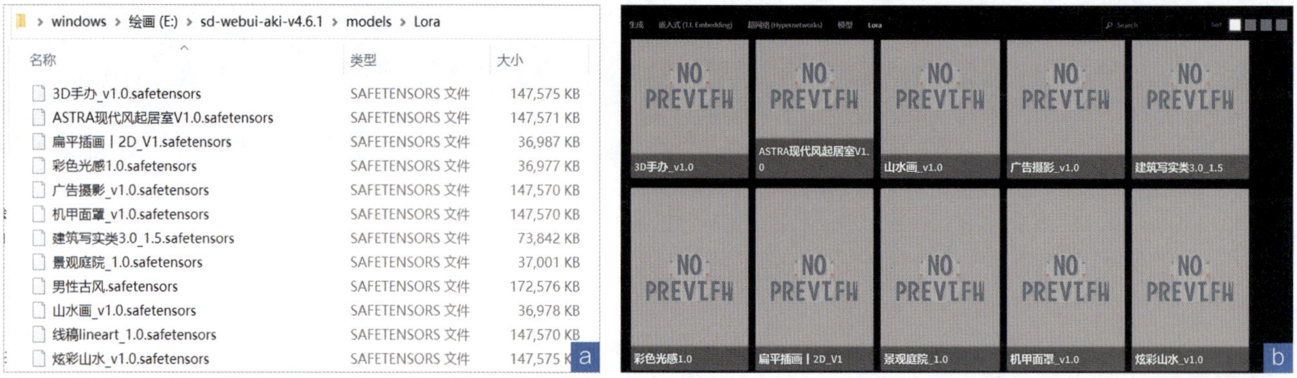

（a）lora存放路径。在该文件夹中存放Lora，右键可对Lora名称进行修改，添加新的Lora后，需要重载WebUI才能调用；（b）查看lora。Lora的查看和调用都在Lora选项卡中完成，搜索名称、添加预览图等操作方式和大模型一致

图5-18　Lora的存放和查看

图5-19　Lora权重设置
直接选中冒号之后的数字进行修改，即可调整Lora权重

**图5-20 Lora权重与设置方法**
固定随机种子，观察不同Lora权重下游戏角色立绘的生成效果，按照权重从高到低依次排列。Lora偏向于3D厚涂风格，其存在感随着权重的降低而不断减弱，大模型本身的风格特征逐渐增强，人物的外观越来越偏向于二次元画风，权重降为0.1时，Lora模型失去作用

## 5.2.3 Lora混用

　　1个大模型可以搭配多个Lora使用，允许用户在维持原模型核心特性的前提下实现多种风格的个性化迁移。依次点击想要使用的Lora模型，将其加入正向提示词输入框，即可将多个Lora混合使用，注意不同Lora的权重控制，如果想要凸显其中1个Lora的表现效果，要使其权重高于其他Lora，这样才能在生成图像中维持其主导地位（图5-21）。

（a）壮族服饰。壮族服饰Lora配合国风Lora生成图像，充分保留民族服饰特色的同时富有装饰美感，十分华丽；（b）哈萨克族服饰。哈萨克族服饰Lora配合国风Lora生成图像，搭配写实风模型形成别样风格，服装质感表现优异

**图5-21 Lora混用**

## 5.2.4  Lora训练方法

相比大模型，Lora模型具有许多优势。Lora的训练时间相对较短，在训练数据较少的情况下，几小时就能训练出1个Lora模型，得到的成品模型并不会占用过多的储存空间，调用起来也十分方便。训练模型时，只需要使用较少的图像素材投入训练，就可以快速成想要的风格特征。这里示范扁平画风Lora的训练流程，供读者参考。

### 1.  准备素材

准备15张以上用于Lora训练的图片素材，分辨率不低于512×512，小尺寸图片可以采用后期处理功能进行放大，这里准备了50张扁平画风的人物素材图片用于训练（图5-22）。

### 2.  素材处理

需要将图片素材的尺寸进行统一，可以在Photoshop中进行批量处理，也可使用birme网站进行批量裁切。打开birme网站单击选择图片存放路径，此时在界面中可预览到所有导入的素材图片，在右侧的尺寸输入框中设置图片尺寸，这里设为768×512，也可选择其他尺寸，保证数值是64的倍数即可。接着拖拽图片显示框，保证图像中的主要内容能够完整显示出来，操作完成后点击按钮"SAVE AS ZIP"，将处理图片下载为压缩包（图5-23）。

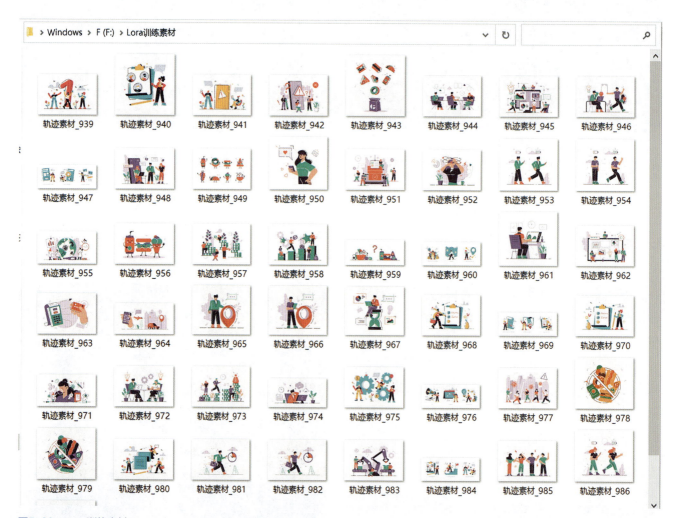

**图5-22  Lora训练素材**
准备50张扁平风插画图像，宽高尺寸均高度不低于512像素，多为横向构图

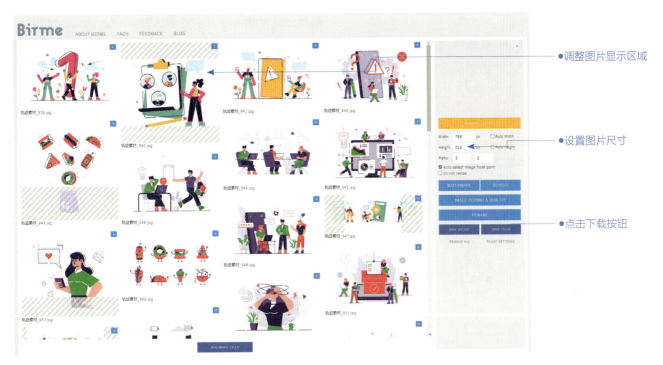

图5-23 birme处理网站

将图片素材导入网站，左侧区域用于调整图片显示区域，右侧区域用于调整图片相关参数，按照需求进行设置

### 3. 图片打标

将下载图片解压放入文件夹，打开Stable Diffusion界面，找到WD1.4标签器，若不显示该标签可在扩展-从网址安装中输入"https://gitcode.net/ranting8323/stable-diffusion-webui-wd14-tagger"安装该插件。输入目录中填入图片素材存放路径，输出目录留空，将标签文本存入图片素材文件夹。其他参数保持默认，点击"反推"按钮，从图片内容中反推提示词作为标签（图5-24）。

图5-24 WD1.4标签器

在WD1.4标签器选项卡下找到批量处理文件夹，对图片素材进行批量打标，其原理和图生图中的反推提示词功能一致。设置输入路径后，其他参数保持默认，点击反推开始打标

### 4. 修改标签

反推完成后，前往素材存放路径，即可看到图片与标签文本一一对应。虽然图片的提示词标签已经基本成形，但还不够准确，需要手动调整。在文本文件中对标签进行删改，标签包括触发词与描述词，触发词为图像固定特征，需要从文本中删除，描述词为当前的图像内容描述，需要对其进行详细描述。如想要生成图像全部

都是白色背景，在文本中将"White background"一词删除（图5-25）。

### 5. 安装训练工具

打开网址"https://github.com/Akegarasu/Lora-scripts"安装Lora-scripts训练工具（图5-26）。

图5-25　修改标签
文本标签存放在记事本文件中，名称与图片素材对应，双击进行更改

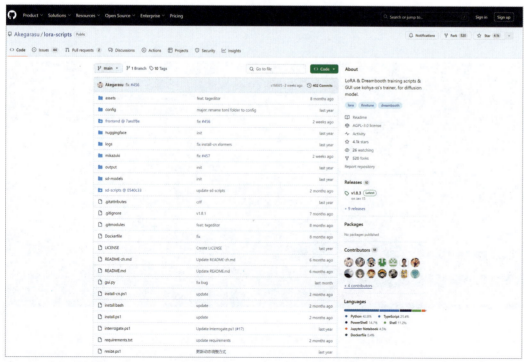

图5-26　安装Lora-scripts
来到指定网址安装训练工具，或直接下载Lora-scripts整合包

## 6. 置入训练素材

来到Lora-scripts文件根目录下的"train"文件夹，在其中新建文件夹并将其命名为"bianpin"，在文件夹中创建文件夹，命名为20_bianpin，命名格式为训练轮数+"_"+Lora模型名称，完成后将训练素材粘贴到此（图5-27）。

## 7. 置入训练模型

打开根目录下的"sd-models"文件夹，从Stable Diffusion根目录下的models-Stable-diffusion文件夹将训练要用到的基础模型粘贴到此，这里使用的是Stable Diffusion原生二次元模型anything-v5，使用原生模型训练泛化性较高，与不同大模型搭配效果都很好（图5-28）。

## 8. 启动程序

启动Lora-scripts，打开训练网页，点击"Lora训练——新手选项卡"，在"训练用模型"下方输入大模型存放路径，数据集设置中输入训练素材存放路径。在"resolution"中输入训练图片的分辨率大小（图5-29）。

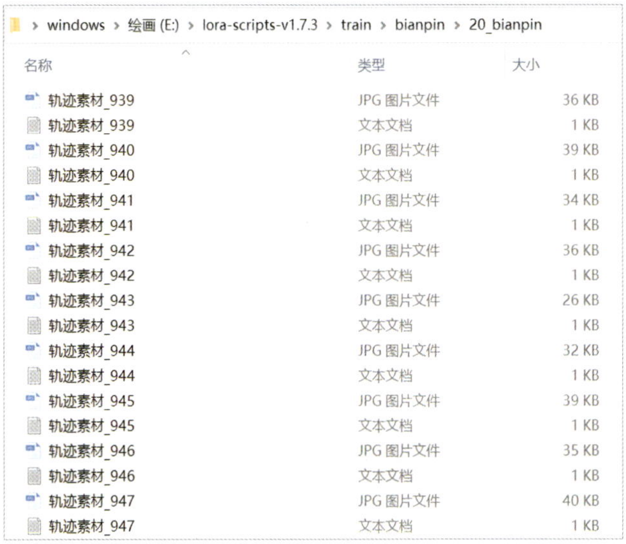

**图5-27 置入训练素材**
在train文件夹下方创建文件夹存放训练素材，文件名中加入训练轮数，轮数不需要太多，10～20就够用了

**图5-28 置入训练模型**
尽量选择官方模型作为训练底模，搭配其他大模型时不会产生冲突

**图5-29 启动程序**
双击启动脚本，在Lora-scripts网页完成基础参数的设置

## 9. 填写训练参数

填写模型名称及保存路径，训练模型默认保存在根目录下"output"文件夹。"模型保存轮数"设置为5，表示每训练5轮保存1次模型，最大训练轮数设置为20，过大容易出现过拟合，批量大小设置为2，数值越大训练速度越快，如果显存较小，批量大小最好设置为1，防止爆显存（图5-30）。

## 10. 网络设置

网络维度设为64，常用值设为32，对于比较简单的扁平画风或二次元Lora模型已经足够。如果是细节较复杂的写实风模型，设为128和64或128和128，二者数值保持2∶1或相同的关系即可。参数设置完成，点击界面右下方的"开始训练"即可（图5-31），等待训练结束，在程序根目录下找到训练模型，置入Stable Diffusion根目录文件夹进行使用（图5-32）。

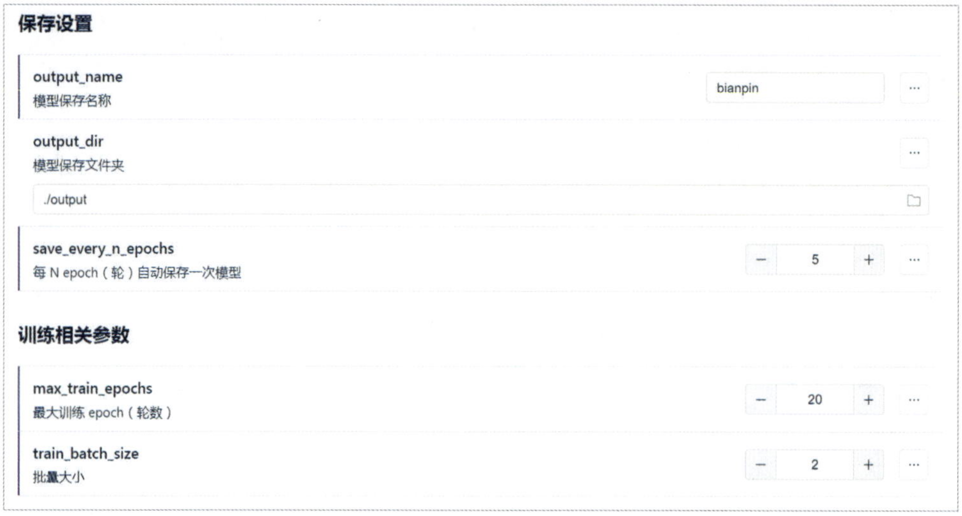

**保存设置**

| output_name 模型保存名称 | bianpin | ··· |
|---|---|---|

| output_dir 模型保存文件夹 | | ··· |
|---|---|---|
| ./output | | |

| save_every_n_epochs 每 N epoch（轮）自动保存一次模型 | − 5 + | ··· |
|---|---|---|

**训练相关参数**

| max_train_epochs 最大训练 epoch（轮数） | − 20 + | ··· |
|---|---|---|

| train_batch_size 批量大小 | − 2 + | ··· |
|---|---|---|

**图5-30 填写训练参数**
填写参数，具体数值视计算机配置而定

**网络设置**

| network_weights 从已有的 LoRA 模型上继续训练，填写路径 | | ··· |
|---|---|---|
| | | |

| network_dim 网络维度，常用 4~128，不是越大越好 | − 64 + | ··· |
|---|---|---|

| network_alpha 常用值：等于 network_dim 或 network_dim*1/2 或 1。使用较小的 alpha 需要提升学习率。 | − 32 + | ··· |
|---|---|---|

| 全部重置 | 保存参数 | 读取参数 |
|---|---|---|
| 下载配置文件 | | 导入配置文件 |
| 开始训练 | | 终止训练 |

**图5-31 网络设置**
根据投入的训练素材来选择不同的网络维度数值，控制Lora的学习率

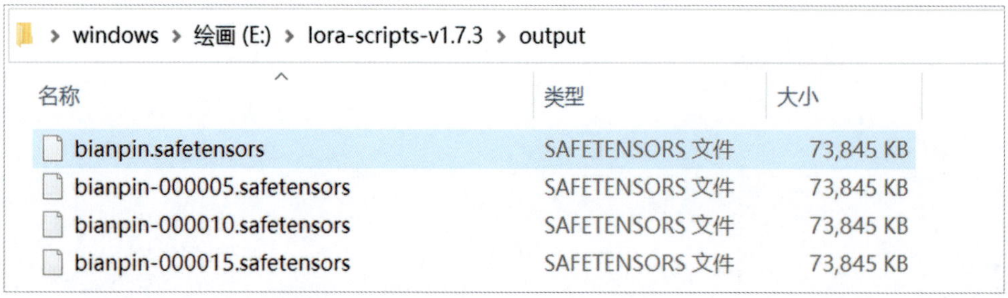

> windows > 绘画 (E:) > lora-scripts-v1.7.3 > output

| 名称 ^ | 类型 | 大小 |
|---|---|---|
| bianpin.safetensors | SAFETENSORS 文件 | 73,845 KB |
| bianpin-000005.safetensors | SAFETENSORS 文件 | 73,845 KB |
| bianpin-000010.safetensors | SAFETENSORS 文件 | 73,845 KB |
| bianpin-000015.safetensors | SAFETENSORS 文件 | 73,845 KB |

**图5-32 模型存放位置**
训练完成后打开Lora-scripts目录下的output文件夹，发现其中存放了4个版本的模型，选择"bianpin.safetensors"，也就是最终版本使用

## 5.3　设计案例：模型与Lora出图

　　运用不同的大模型配合Lora进行出图，能够生成丰富多样的图像，相较于单一的大模型，生成的图像具有更多的风格和细节变化，其艺术表现力有了质的飞跃。大模型具有强大的图像生成能力。然而，单一的图像生成，往往受到自身训练数据的限制，导致生成的图像风格和细节变化相对有限。通过使用Lora进行画风微调，能够实现图像风格的快速转换，根据需求展现出不同的风格和细节。

### 5.3.1　城市建筑效果图

　　建筑大模型搭配城市设计Lora，快速生成城市建筑效果图。Lora主要起到细节调整的作用，控制出图的镜头角度和光照效果，模型则决定着图像的基本画风和质量。可以根据使用者的需求，调整效果图的风格、视角和细节，满足不同设计场景的需求，生成丰富的景观元素，提供更多灵感，有助于提高图稿质量，使设计更具吸引力（图5-33）。

（a）商圈效果图。输入提示词"best quality, masterpiece, Photo-realistic accuracy, building, Glass reflection, warm yellow, scenery, After rain, ultra realistic mall, indoor lighting, (nighttime: 1.2), sense of technology, sharp focus"，出图商圈场景，光照效果十分惊艳，节省了建模渲染的时间；（b）几何建筑俯视图。输入提示词"highly detailed, a silver integrated building, urban landscape, high-rise buildings, commercial district, cityscape, hazy weather, morning light, aerial perspective, reflective surfaces, pedestrian area, contemporary design, street-level view, ambient lighting, downtown core"，出图建筑俯视场景，lora的应用增强了建筑表面的反射效果，夕阳场景的衬托使玻璃幕墙的材质更加真实；（c）弧形建筑俯视图。输入提示词"highly detailed, curved facade structure, urban landscape, high-rise buildings, commercial district, cityscape, clear weather, hazy weather, morning light, aerial perspective, reflective surfaces, pedestrian area, contemporary design, street-level view, ambient lighting, downtown core"，出图弧面建筑造型，位于画面中央的高层建筑在建筑群落的衬托下体现出现代感和科技感

**图5-33　城市建筑效果图**

### 5.3.2　运动鞋宣传海报

　　使用写实大模型和电商相关Lora生成运动鞋展示图像，一键生成宣传广告。使用者可以根据AI生成的灵感图进行运动鞋的设计创作，或是将设计素材直接投入Stable Diffusion进行生图，通过智能识别使用者的需求，程序自动生成相应的图案、颜色和款式，大大提高工作效率。根据鞋款的设计特点，模型自动匹配适合的

背景、光线和角度，使得展示图更具吸引力，高度还原运动鞋的设计效果，使得消费者在购买前能够直观地了解产品的外观和品质（图5-34）。

### 5.3.3　一键生成特定服装

　　各大网站平台上现在已经出现了不少的服装Lora，与大模型配合使用即可生成服装模特。大模型生成模特

（a）绿色运动鞋。输入提示词"A sports shoe in fog, light tones, Morandi color scheme, smoke, gradient background, depth of field"，出图运动鞋宣传海报，通过加入提示词生成烟雾特效背景，视觉效果更加丰富；（b）粉色运动鞋。输入提示词"shoe, no humans, sneaker, white air force 1, solo, (pink), water, UHD, C4D, 3D rendering"，灯光照明突出运动鞋表面质感；（c）黄色运动鞋。输入提示词"shoe, no humans, sneaker, white air force 1, solo, (yellow), UHD, C4D, 3D rendering"，通过替换提示词生成不同颜色的运动鞋

图5-34　运动鞋宣传海报

外貌，Lora决定穿着服装，可以根据需求选择模型进行搭配，也可以投喂图片来训练Lora，让AI模特快速穿上指定服装。这种技术的出现，极大地提高了设计效率，降低了设计成本，使得使用者能够将更多精力投入到创新和创意中，使得AI绘画服装设计更具实用性和针对性（图5-35）。

（a）白色连衣裙。输入提示词"hublot_a-line_dress__belt_set_，1girl,solo, realistic, jewelry, necklace, brown eyes, earrings, long hair, makeup, fashion model,flowing hair, (full body: 1.5), (masterpiece, top quality), professional artwork, HDR, UHD, 8K, HD"；（b）蓝色短裙。输入提示词"silver_sea_flared_mini_skirt, 1girl,solo, realistic, jewelry, necklace, brown eyes, earrings, lips, looking at viewer, long hair, makeup, fashion model,flowing hair, sofa, (full body: 1.5), (masterpiece, top quality), professional artwork, HDR, UHD, 8K, HD"；（c）粉色上衣。输入提示词"chloe_pleated_skirt, shoe, 1girl,solo, realistic, jewelry, necklace, brown eyes, earrings, lips, looking at viewer, long hair, makeup, fashion model,flowing hair, room, (full body: 1.5), (masterpiece, top quality), professional artwork, HDR, UHD, 8K, HD"

图5-35 一键生成特定服装

## 本章小结

通过将不同的Lora与大模型相互搭配，能够实现多种不同风格图像的完美融合，有效实现风格迁移，从而引导Stable Diffusion生成符合需求的艺术图像。本章主要介绍大模型与Lora模型的定义及使用方法，详细讲解模型融合与Lora训练的操作流程，说明模型下载安装、权重设置等实用技巧，帮助读者更好掌握模型使用技巧，满足个性化定制需求。

## 课后练习

（1）模型的定义是什么？

（2）大模型怎样进行下载和使用？切换大模型的方法是什么？

（3）外挂VAE模型对图片质量起到哪些影响？

（4）怎样修改Lora权重？如何混用多个Lora进行出图？

（5）实践操作：尝试融合大模型。

（6）实践操作：在Lora-scripts中训练1套Lora模型。

（7）实践操作：选用电商广告类Lora，生成3～5张商品宣传图。

# 第 6 章
# 高级功能与插件运用

识读难度：★ ★ ★ ★ ★

核心概念：后期处理、批量处理、Controlnet、语义分割、面部修复、
　　　　　分块放大

图6-1　Controlnet控制人物姿态

**本章导读**

　　插件是对Stable Diffusion中主要功能的补充和拓展，随着版本的不断更新，Stable Diffusion的功能和插件库也在日益丰富，这些插件不仅增强了原有功能，还带来了全新的图像生成体验。当程序的原有功能无法完全满足实际需求时，使用各种插件可以很好地帮助使用者解决困难。通过本章学习，读者将能够深入了解和掌握这些功能与插件，从而更好地发挥Stable Diffusion的潜力，提升图像生成的质量与效率，为创作出更多优秀的作品奠定基础（图6-1）。

# 6.1 后期处理

后期处理功能是Stable Diffusion的常用功能，能够对低分辨率图像进行快速放大，具备修复模糊照片、黑白照片上色等功能，使用方便。相比文生图界面中的高清修复功能，后期处理不再生成新的图像内容，只是对图片像素进行锐化和调整，因此成图速度快，支持大尺寸图片的生成。

## 6.1.1 处理单张图片

后期处理中的"单张图片"选项卡用于对单张图片进行尺寸放大，通过设置参数，可以对图像的放大效果进行控制，快速生成高清大图（图6-2）。

### 1. 图像放大

来到后期处理界面，将1张低分辨率图像拖入窗口，调整缩放比例以控制图片缩放后的尺寸大小放大算法。

● 缩放倍数。最大可拖拽到8倍，是将图像按原比例放大8倍。

● 缩放到。最大可设置为2048，最多将图像宽高拓展到2048像素，这里图片大小为1024×1024像素，想要得到1张3K大图，将放大倍数设为3倍（图6-3）。

点击放大算法下拉菜单，可以看到共11款放大算

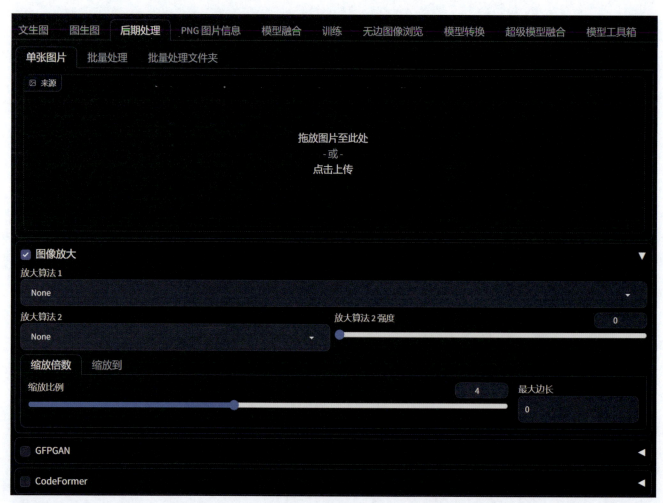

图6-2 单张图片选项卡
点击单张图片选项卡进入该界面，主要包括放大算法、放大倍数和修复功能

图6-3 图像放大界面
要想得到细节比较丰富的3K、4K超清大图，图片的原始尺寸最好能达到1000像素

（a）4x-UltraSharp放大。图片容量为11.89MB，皮肤质感细腻柔和，五官更有立体感；（b）R-ESRGAN 4x+放大。图片容量为11.35MB，对于毛发和阴影的处理相比4x-UltraSharp效果略逊一筹，可以被其所代替；（c）R-ESRGAN 4x+ Anime6BR放大。图片容量为7.86MB，对比度较强，放大可以看见未被完全融合的色块信息，适用于二次元画风图像

图6-4 图像放大效果

法类型，和文生图界面中高分辨率的放大算法是一样的。放大算法并不是直接对图片进行锐化处理并拓展像素，其工作原理将是先将图像中的高质量的数据降级或损坏，然后进一步缩小，最后将它们恢复到原始图像。经过这一过程，图像中原来的像素杂点被有效去除，得到干净的画面效果。

● 放大算法1。可选择常用的3种放大算法，分别为：4x-UltraSharp、R-ESRGAN 4x+和R-ESRGAN 4x+ Anime6B。

● 放大算法2。指图片放大应用到的第2种算法。

这里不勾选"放大算法2"，点击"生成"按钮出图，取人物脸部区域进行效果比对（图6-4）。

可以发现，使用4x-UltraSharp放大的图像比较自然，信息最多，皮肤颜色过渡柔和，同时图片体积也最大，采用R-ESRGAN 4x+ 和R-ESRGAN 4x+ Anime6B算法放大的图像与其相比则略显生硬，色块的边缘轮廓较硬，同时图片体积也更小，根据需要选择。

### 2. 照片修复

除图像放大功能之外，后期处理界面中还有两项下拉选项，分别是"GFPGAN"和"CodeFormer"，用于对模糊人像进行复原。

● GFPGAN。是一种开源的面部修复模型，修复后的图像的清晰度较高，同时保持了人物原有的气质风貌。

● CodeFormer。模型在图像细节上的处理表现出色，尤其是在皮肤纹理的逼真度方面，但处理牙齿时效果不尽如人意（图6-5）。

将1张低分辨率老照片导入后期处理窗口，进行3次生成，比对不同功能的修复效果。第1次仅使用放大算法选"4x-UltraSharp"；第2次勾选"GFPGAN"并将可见度设为1；第3次选"GFPGAN"，勾选"CodeFormer"并将可见度设为1，点击"生成"按钮，查看效果（图6-6）。

**图6-5　照片修复功能**
使用GFPGAN和CodeFormer时只需要调整可见度参数，相当于是该功能的权重，决定对图片放大的影响

（a）原图。原图是一张低分辨率的黑白老照片，细节比较模糊；（b）4x-UltraSharp修复。仅使用4x-UltraSharp放大算法进行照片修复，尽管图片的清晰度进一步增加，但由于原图照片尺寸过小，对眼部的处理细节并不到位；（c）GFPGAN修复。使用4x-UltraSharp＋GFPGAN进行照片修复，模型对原图进行了一定的自动上色，五官的真实度进一步增强；（d）CodeFormer修复。使用4x-UltraSharp＋CodeFormer进行照片修复，对色块边缘进行了锐化，效果不如GFPGAN

**图6-6　图像修复效果**

### 6.1.2 批量处理图片

批量处理功能支持一次性导入多张图片，按照统一的参数设定进行放大处理。打开后期处理界面，切换到批量处理板块，选中需要处理的图片拖入窗口，设定好相关参数后点击"生成"按钮，图片生成完毕后，直接拖拽或点击下方的"文件夹"图标打开图片存放目录，将之前经过放大的图片复制到想要存放的位置（图6-7）。

### 6.1.3 批量处理文件夹

批量处理文件夹功能通过指定原图目录和输出图目录的方式对多张图片进行放大，无需手动拖拽。面对有大量图片急需处理的情况，这种方式更加方便快捷。打开后期处理界面，切换到批量处理文件夹板块。可以发现界面上方多出了"输入目录"和"输出目录"输入框，将存有原图的文件夹路径复制粘贴到第1个输入框，空文件夹路径复制粘贴到第2个输入框，图片生成完毕后，即可在原来的空文件夹中看到经过放大处理过后的图片（图6-8）。

**图6-7 批量处理图像界面**
将多张图片一次性拖入批量处理窗口，点击"生成"按钮，进行放大

**图6-8 批量处理文件夹界面**
导入图片后，选择放大算法和缩放倍数，将会按照设定好的数值对导入图片依次进行放大处理

# 6.2 ControlNet插件

## 6.2.1 ControlNet插件下载与安装

Stable Diffusion整合包中一般自带ControlNet插件及模型，若下载版本中不含ControlNet，按照以下方法进行操作即可成功安装。

### 1. 安装扩展

打开WebUI，点击"扩展"选项卡，选择"从网址安装"，复制安装网址https://github.com/Mikubill/sd-webui-controlnet.git，粘贴到"拓展的git仓库网址"输入框中。点击下方的"安装"按钮，等待数秒，看到下方显示"Installed into stable-diffusion-webui\extensions\sd-webui-controlnet. Use Installed tab to

restart"时，说明已经安装成功（图6-9）。

### 2. 重载程序

点击"已安装"选项卡，单击"检查更新"按钮，读条完成后单击"应用更改并重启"重新启动，再次进入程序后，即可在WebUI主界面下方看到ControlNet的功能选项（图6-10）。

### 3. 下载模型

进入网址"https://huggingface.co/lllyasviel/ControlNet-v1-1/tree/main"。在该页面中下载.pth尾缀的模型文件，完成后将模型文件放入Stable Diffusion根目录下的"extensions\sd-webui-controlnet\models"文件夹，再次重载WebUI，打开ControlNet的功能选项即可正常使用插件功能（图6-11）。

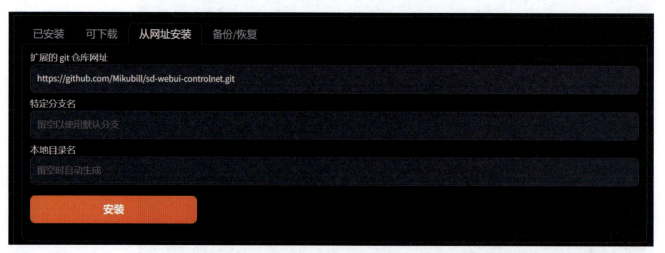

**图6-9 安装扩展**
在输入框中填写完网址后点击安装，等待安装成功

**图6-10 重载程序**
在Stable Diffusion中，涉及到插件模型、安装时都需要重启程序，更新后才能够使用新功能

| 名称 | 修改日期 | 类型 | 大小 |
|---|---|---|---|
| control_v11e_sd15_ip2p_fp16.safetensors | 2024/2/9 21:00 | SAFETENSORS 文件 | 705,666 KB |
| control_v11e_sd15_shuffle_fp16.safetensors | 2024/2/9 21:16 | SAFETENSORS 文件 | 705,666 KB |
| control_v11f1e_sd15_tile_fp16.safetensors | 2024/2/9 21:39 | SAFETENSORS 文件 | 705,666 KB |
| control_v11f1p_sd15_depth_fp16.safetensors | 2024/2/9 21:43 | SAFETENSORS 文件 | 705,666 KB |
| control_v11p_sd15_canny_fp16.safetensors | 2024/2/9 21:36 | SAFETENSORS 文件 | 705,666 KB |
| control_v11p_sd15_inpaint_fp16.safetensors | 2024/2/9 21:34 | SAFETENSORS 文件 | 705,666 KB |
| control_v11p_sd15_lineart_fp16.safetensors | 2024/2/9 21:57 | SAFETENSORS 文件 | 705,666 KB |
| control_v11p_sd15_mlsd_fp16.safetensors | 2024/2/9 21:59 | SAFETENSORS 文件 | 705,666 KB |
| control_v11p_sd15_normalbae_fp16.safeten... | 2024/2/9 22:04 | SAFETENSORS 文件 | 705,666 KB |
| control_v11p_sd15_openpose_fp16.safetens... | 2024/2/9 22:19 | SAFETENSORS 文件 | 705,666 KB |
| control_v11p_sd15_scribble_fp16.safetensors | 2024/2/9 22:39 | SAFETENSORS 文件 | 705,666 KB |
| control_v11p_sd15_seg_fp16.safetensors | 2024/2/9 22:38 | SAFETENSORS 文件 | 705,666 KB |
| control_v11p_sd15_softedge_fp16.safetens... | 2024/2/9 22:28 | SAFETENSORS 文件 | 705,666 KB |
| control_v11p_sd15s2_lineart_anime_fp16.sa... | 2024/2/9 21:24 | SAFETENSORS 文件 | 705,666 KB |

图6-11 下载模型
ControlNet模型的存放位置,
各个模型的大小都是0.67G,
根据需要下载

图6-12 ControlNet操作界面
ControlNet操作界面的参数十分多样,其核心功能在于对导入图像的处理方式

## 6.2.2 ControlNet操作界面

ControlNet操 作 界 面 主 要 分 为3大 区 域,分别用于:参考图上传、控制类型选择和其他参数调整(图6-12)。

### 1. 参考图上传

ControlNet面板最上方是"参考图"窗口,将图像直接拖拽到此处,或点击窗口选择文件路径上传图片,上传的图像将作为参考,对生图产生影响和控制。参考图窗口右下方分布着几个功能按钮,分别是"打开新画布""打开网络摄像头""镜像网络摄像头""将参考图发送至StableDiffusion图像大小"（图6-13）。

- 打开新画布。点击后会弹出"打开新画布"面板，点击"创建新画布"按钮，创建1个空白画布。
- 打开网络摄像头。点击后弹出"打开新画布"面板，点击"创建新画布"按钮，创建1个空白画布。
- 镜像网络摄像头。点击后可以对摄像头的显示画面进行左右翻转。
- 将参考图发送至StableDiffusion图像大小。点击后可将当前参考图的尺寸大小作为生图的尺寸大小。

再往下是预设区域，包括"启用""低显存模式""完美像素模式""允许预览""高效子区蒙版"等选项。

- 启用。指启用当前ControlNet功能，只有勾选该选项当前ControlNet才会生效。
- 低显存模式。指ControlNet处理上传图片时少消

耗显存，显卡低于6G时建议勾选。

- 完美像素模式。指使上传图像自动适应预处理器分辨率的大小，勾选后图像处理的精度提高。
- 允许预览。指预览预处理的效果，勾选后会多出1个窗口用来显示处理之后的图片。
- 高效子区蒙版。指使用蒙版遮罩上传图像，只将蒙版区域加入图像控制，勾选后弹出蒙版上传区域。

### 2. 控制类型选择

不同的控制类型对应不同的预处理器和模型，点击需要的控制类型，下方的下拉菜单会自动显示对应的预处理器和模型。预处理器负责将导入的原始图片转化为不同的形式，如将彩色图转化为黑白图，提取图片中的线条等，模型则以转化之后的图片为基础，将其作用到图片生成（图6-14）。

图6-13 参考图上传区域
参考图上传区域由上传窗口和多个功能按键构成

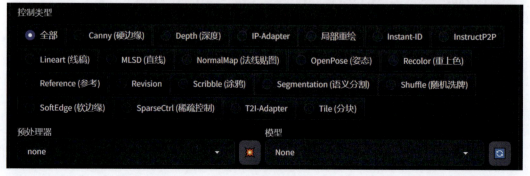

图6-14 控制类型选择区域
当前版本的ControlNet共有20个控制类型，每个控制类型都对上传图片有着不同的处理方式

**图6-15　其他参数调整区域**
该区域主要围绕ControlNet对图像生成的控制与图像缩放模式展开，前者决定ControlNet的影响力，后者决定导入图像怎样适应生成尺寸

### 3. 其他参数调整

- 控制权重。指ControlNet对生图的影响力，权重越大，影响越大，反之则越小。
- 引导介入时机。指从图像生成的哪一步开始对图像进行处理，设置为0表示图像开始生成时就对其进行介入和控制，设置为0.5表示从图像生成一半时对其进行介入处理。引导终止时机和其相反，指从哪一步退出对图像的处理。
- 控制模式。包括"均衡""更偏向提示词"和"更偏向 ControlNet"选项，表示提示词和ControlNet哪一方对图像生成的控制权重更大。
- 缩放模式。包括"仅调整大小""裁剪后缩放"和"缩放后填充空白"选项，表示生成图像尺寸与参考图尺寸不对等时，采用哪种方式来对图像尺寸进行调整（图6-15）。

## 6.2.3　ControlNet控制类型

ControlNet作为Stable Diffusion中的重要插件，包含的控制类型十分丰富，为使用者提供了不同的方式来控制图像的画面信息。下面将选取ControlNet中最主要的15个控制类型进行讲解。

### 1. Canny

Canny（硬边缘）用于识别并提取图像中对象的边缘轮廓特征。通过这一算法，可以生成线稿来指导图片的生成过程，通过设定多种提示词汇，来引导Stable

Diffusion模型生成具有相同构图但内容各异的图像，还可以用于对已有线稿进行重新着色。Canny算法有两种预处理器，分别是"Canny"和"invert"。

- Canny。用于识别图像线条。
- Invert。用于识别白色背景黑色线条的参考图像。

导入1张生成完毕的图像，勾选启用和允许预览，控制类型选择"Canny"，下面分别使用预处理器"Canny"和"invert"，点击"爆炸"按钮，查看两者的处理效果（图6-16、图6-17）。

（a）Canny处理器。自动提取图像中各种形态的边缘轮廓，形成粗细均匀的线条用于控制画面；（b）invert处理器。适用于手绘线稿的提取，彩色图片直接识别效果不佳

**图6-16　Canny两大处理器**

（a）医护服。输入提示词"Medical gowns"，人物着装并无太大改变，色彩变成红蓝搭配；（b）工作服。输入提示词"working clothes"，人物着装并无太大改变，色彩变成黑白搭配；（c）礼服。输入提示词"full dress"，服装变动较小，场景及光照角度稍有变化，可以发现Canny处理器对画面的控制十分严格

图6-17　Canny控制生成

（a）MLSD处理器。自动识别画面中的直线条，省略其他形态的线条，经过处理只得到一个比较抽象的人物主体轮廓；（b）invert（from white bg & black line）处理器。反向识别白底黑线图，对于彩色图像并不能起到很好的识别效果

图6-18　MLSD处理器

## 2. MLSD

MLSD（直线）用于识别和提取图像画面中的直线条，因此常被用于建筑效果图的生成，预处理器主要有"MLSD"和"invert"两种，两者的处理效果有所区别（图6-18、图6-19）。

（a）MLSD生成。人物主体姿态大致与原图保持一致，背景的树木和街道并没有体现出来，而是根据几根直线条重新生成了一张背景；（b）invert生成。人物主体特征大致保留，背景由室外变成室内

图6-19　MLSD控制生成

（a）scribble_hed处理器。将写实图像处理成粗略的涂鸦线条，整体效果比较抽象概括；（b）invert（from white bg & black line）处理器。反向识别白底黑线图，对于彩色图像并不能起到很好的识别效果；（c）scribble_xdog处理器。相比其他几种处理器，线条边缘锐化，效果更加细致；（d）scribble_pidinet处理器。提取到的内容比scribble_hed处理器更多，同时处理时间更长

图6-20　scribble处理器

### 3. scribble

scribble（涂鸦）可以将画面内容概括为比较粗略的线条，形式类似比较潦草的手绘涂鸦，出图迅速，能够控制生成图片的大致内容，预处理器主要有"scribble_hed""invert""scribble_xdog"和"scribble_pidinet"4种，处理效果均有不同（图6-20、图6-21）。

## 4. SoftEdge

SoftEdge（软边缘）用于控制画面线条，可以将画面元素的边缘轮廓转化为柔和的线条，预处理器主要有"scribble_hed""invert""scribble_xdog"和"scribble_pidinet"4种，处理效果均有不同（图6-22、图6-23）。

（a）scribble_hed生成。服装结构与原图大致相同，背景变化较大；（b）invert 生成。控制器对彩色图像的控制效果不强，生成图与原图关系不大；（c）scribble_xdog生成。背景与原图基本保持一致，人物发型变化较大，衣服褶皱被识别成装饰线条；（d）scribble_pidinet生成。保留了前景处树叶的基本形态，服装的还原度比较低

图6-21　scribble控制生成

（a）SoftEdge_PIDI_safe。尾缀为"safe"的预处理器可以防止生成的图像出现不良内容；（b）SoftEdge_HED_safe。轮廓线条相对SoftEdge_PIDI_safe更加硬朗简练，对生成图像实现精准控制；（c）SoftEdge_PIDI。处理图像质量最高，非常精准地识别出了人物的服装细节和五官位置，同时处理时间也最长；（d）ISoftEdge_HED。轮廓线条相对SoftEdge_PIDI更加硬朗简练，对生成图像实现精准控制

图6-22　SoftEdge处理器

## 5. Lineart

nenLineart（线稿）能将图像转化为比较硬朗简洁的线稿，模拟出手绘质感，适用于动漫线稿的提取。预处理器主要有"Lineart_standard""Lineart standard""Lineart""Lineart coarse""Lineart_anime_denoise"和"Lineart_anime"6种（图6-24、图6-25）。

（a）SoftEdge_PIDI_safe。由于预处理器识别出的线条比较朦胧含糊，画面效果略显油腻；（b）SoftEdge_HED_safe。图像效果相比前一张要更加干净清爽，衣服的形态识别得比较清晰；（c）SoftEdge_PIDI。保留了比较多的细节，画面效果略显朦胧；（d）ISoftEdge_HED。图像效果相比前一张要更加干净清爽，人物的面部表情更加接近于原图

图6-23　SoftEdge控制生成

（a）Lineart_standard。对画面的提取效果比较粗糙，没有形成比较精致的线条；（b）Lineart standard（白底黑线反色）。同样用于识别白底黑线图，在此不再赘述；（c）Lineart。线条轮廓清晰完整，效果类似于Canny处理器；（d）Lineart coarse。线条的轻重变化比较明显，相比Lineart进行了更多的省略；（e）Lineart_anime_denoise。在Lineart_anime的基础上对线条进行了简化，主要线条被进一步加粗加深，次要线条则省略；（f）Lineart_anime。线条更细更浅，模拟出手绘质感

图6-24　Lineart处理器

## 6. Depth

Depth（深度）用于从参考图中提取出深度信息，规划出图片中的主体造型与空间方位，进而保证生成图像和原图的空间关系一致，图片中颜色越浅的区域代表离镜头越近，越深的区域则离镜头越远。下面分别使用预处理器"depth_midas""depth_zoe""depth_leres"和"depth_leres++"，查看处理效果（图6-26、图6-27）。

（a）Lineart_standard。人物由原图的短发变为长发，姿势与服装结构也发生了较大改变，还原度较差；（b）Lineart standard（白底黑线反色）。画面饱和度较低，外套内侧出现了比较奇怪的结构；（c）Lineart。图像质量较高，服装结构基本还原，说明该处理器识别内容对画面的控制比较到位；（d）Lineart coarse（粗略线稿提取）。对比度高，画面效果比较油腻；（e）Lineart_anime_denoise（动漫线稿提取-去噪）。由于线条比较概括抽象，对衣褶、领口等细节的绘制并不是非常精细；（f）Lineart。图像明度较高，效果较好

图6-25　Lineart控制生成

（a）depth_midas。depth_midas深度信息估算是一种常用的预处理器，通过概括空间来更加精确地体现出画面的景深感，增强大型景观中远近物体关系的表达，而且，其Depth模式具有生成遮罩蒙版的能力，从而使得用户能够更加细腻地调整图像中各个组成元素的可视化效果；（b）depth_zoe。建筑立体感、空间感相比depth_midas要更强，可以更好地控制图像的深度信息，生成更加真实、准确的图像；（c）depth_leres。识别精度高于depth_zoe，低于depth_leres++。成像焦点在中间景深层，具有更远的景深，中距离物品边缘成像更清晰，但近景边缘比较模糊；（d）depth_leres++。对于图片景深和光影关系的识别更加细致，精度更高，出图时间最长

图6-26　Depth处理器

### 7. NormalMap

NormalMap（法线贴图）能够识别出原始图片中的光线放射，模拟出3D凹凸效果，对光影效果进行更为精确的模拟与优化，相较于depth处理器，法线贴图在细节的保存方面展现出更高的精确度，重现高度详细的光影细节。下面分别使用预处理器"normal_bae"和"normal_midas"，查看处理效果（图6-28、图6-29）。

（a）depth_midas。房屋造型基本还原，具体的结构与原图相差较大；（b）depth_midas。提示词的加入导致生成雨天场景，基本还原了；（c）depth_leres。房屋结构和前景树木的形态都更加贴近原图，对光照角度的还原度也比较高（d）depth_leres++。随机生图，生成逆光角度效果图

图6-27 Depth控制生成

（a）normal_bae。bae是一种基于多视角图像的三维重建方法，能够重现场景或物体的立体形态，精确获取其表面的法线向量信息。这些向量信息用于模拟光照、投射阴影以及三维物体的识别与分割等方面；（b）normal_midas。midas从单幅图像中估计3D物体的法线向量。它的主要目的是通过估计3D物体的表面细节和纹理，来提高绘制3D物体的速度和准确性，计算复杂度相对较低，但是计算精度也相应较低

图6-28 NormalMap处理器

（a）normal_bae。对房屋造型的还原程度较好，精准复刻了原图的结构，并没有太多不合理的地方；（b）normal_midas。生成了与原图完全不相关的图片，可以看出这种算法对图像的识别效果较差，目前已被淘汰

图6-29　NormalMap控制生成

（a）seg_ofade20K。seg_ofade20k预处理器以ADE20K数据集为训练基准，因此在实施图像分割任务时，表现出卓越的性能。如对动物、植物、人工制品等目标的准确分割，并识别出图像中的不同物体和内容。（b）seg_ufade20K。seg_ufade20k对画面元素的分割更加详细，相比前者增加了几种不同的颜色表示物体形态

图6-30　segmentation处理器

（a）seg_ofade20K。房屋变为木质结构，说明segmentation并不适合处理整体构造；（b）seg_ufade20K。房屋的内部结构脱离原图，封闭窗口变为阳台，还原度差

图6-31　segmentation控制生成

## 8. segmentation

segmentation（语义分割）的主要功能是对图像进行分割，用不同的颜色显示区分出图像中不同物体的所在位置与形态，用以对画面元素繁多、复杂的图像进行精准控制。下面分别使用预处理器"seg_ofade20K"和"seg_ufade20K"，查看处理效果（图6-30、图6-31）。

## 9. OpenPose

OpenPose（姿态）用于检测人物动作并将其转换为骨架图，可以通过对骨架图进行调整，来引导Stable Diffusion生成指定姿态的人物图像。下面分别使用预处理器"openpose_full""openpose_hand""openpose_faceonly"和"openpose_face"，查看处理效果（图6-32、图6-33）。

（a）openpose_full。openpose_full默认识别全身，包括面部五官和手指形态，控制效果最为全面；（b）openpose_hand。openpose_hand识别身体姿态和手指形态，使用频率较高；（c）openpose_faceonly。openpose_faceonly只识别面部，身体姿势自由发挥；（d）openpose_face。openpose_face识别身体姿态和面部，适用于对面部朝向和神态表情的控制

图6-32 OpenPose四大处理器

（a）openpose_full。人物跟原图最为贴近，还原度较高；（b）openpose_hand。姿态与手部动作完全与骨骼图保持一致，没有添加对面部五官的控制，可以看出和另外几张生成图区别不大；（c）openpose_faceonly。只有面部朝向与原图保持一致，身体重新生成；（d）openpose_face。没有对手的形态添加控制，自动生成了双手插兜的姿势

图6-33 OpenPose控制生成

### 10. Tile

Tile（分块）核心功能在于维持图像的整体架构，同时对照片进行细节增强来实现图像的精细放大，以提升其画质。下面分别使用预处理器"tile_resample"和"tile_colorfix+sharp"，查看处理效果（图6-34、图6-35）。

### 11. Shuffle

Shuffle（随机洗牌）的工作原理是对原始图像进行扭曲，打乱画面元素后以此为基础生成新的图像内容，其主要功能是控制生成图像的颜色基调。下面使用预处理器"shuffle"，查看处理效果（图6-36、图6-37）。

### 12. inpaint

inpaint（局部重绘）与图生图的局部重绘功能相同，相比之下inpaint支持无提示词修复，对蒙版边缘的精确度要求更低，使用也更加方便。下面使用预处理器"inpaint_only"，查看处理效果（图6-38、图6-39）。

导入一张模糊的猫咪图像，点击爆炸按钮查看预处理结果，模型将会以原图的像素信息作为图像的生成基础

图6-34 Tile处理器

图6-35 Tile控制生成

（a）tile_resample。tile_resample对图片的整体色调进行了调节，毛发质感显得更加柔和，修复效果比较好；（b）tile_colorfix+sharp。tile_colorfix+sharp对图片原图进行了锐化处理，虽然使画面重心得到了一定强调，但对毛发质感的表现力不如tile_resample

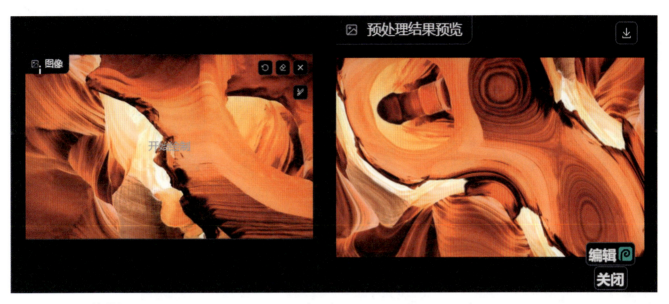

**图6-36　Shuffle处理器**
导入一张风景壁纸，利用Shuffle处理器对其进行随机打乱，得到包含黄、棕红和小面积白色的抽象图片，模型将会以此为基础色调生成新图像

（a）巨大的拱形建筑。输入提示词"cityscape"生成一栋巨大的拱形建筑；（b）住宅室内。输入提示词"house"生成住宅室内效果图

**图6-37　Shuffle控制生成**

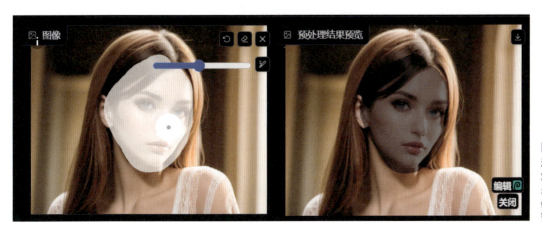

**图6-38　inpaint处理器**
涂抹人物面部区域，点击爆炸按钮，半透明黑色区域就是重绘区域，输入提示词"a girl,smile"，点击"生成"按钮，查看效果

（a）重绘前；（b）重绘后

图6-39 inpaint控制生成
经过重绘后，能让女孩的面部
表情转变为微笑

图6-40 InstructP2P处
理器
导入图片，点击"生成"按钮

（a）起火。输入提示词"make
it on fire"使图片中的房屋起
火，图片的整体色调也随之
改变；（b）雪天。输入提示词
"make it winter"将场景切换
为雪天，屋檐与树木挂满积雪

图6-41 InstructP2P控
制生成

## 13. InstructP2P

InstructP2P主要用于变换场景和风格迁移，包括在原图的基础上对天气、环境或人物的服装等元素进行调整，一键添加奇幻特效。该控制类型没有预处理器，直接点击"生成"按钮，可查看效果（图6-40、图6-41）。

### 14. Recolor

Recolor（重上色）的功能是对图像进行重新上色，主要用于修复黑白照片，将其调整为彩色效果。预处理器有"recolor_luminance"和"recolor_intensity"两种。

● recolor_luminance。为自动着色。

● recolor_intensity。为手动对指定上色区域。

下面选择recolor_intensity的预处理器查看生成效果（图6-42）。

### 15. Reference

Reference（参考）的作用是在参考图的基础上生成，无需Lora即可快速生成风格主题类似的图片，方便快捷。预处理器有"reference_only""reference_adain+attn"和"reference_adain"3种（图6-43、图6-44）。

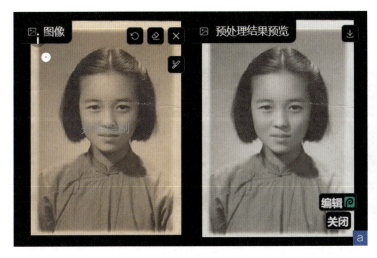

（a）Recolor处理器。导入泛黄老照片，将其转换为无饱和度的纯黑白照片；（b）Recolor控制生成。输入提示词"a girl,black hair, blue shirt"一键修复老照片

图6-42 Recolor控制生成

（a）reference_only处理器。导入花卉植物生成图，最大程度参考控制图；（b）reference_only。输入提示词"A white Flower"，生成与原图效果类似的白色花朵

图6-43 Recolor控制生成

图6-44 reference_adain+attn和reference_adain控制生成

（a）reference_adain+attn和reference_adain处理器。导入二次元人物生成图，切换到与原图相同的大模型和相关参数，用于控制图像生成；（b）reference_adain+attn。输入提示词"a girl, wedding_dress"，得到的图像与原图高度相似；（c）reference_adain。输入同样提示词，姿势与原图相似，人物的头饰发生变化，说明控制效果没有reference_adain+attn好

# 6.3 其他扩展插件

除ControlNet以外，Stable Diffusion还内置了一些具有实用性和趣味性的插件。这里主要介绍语义分割、面部修复、分块放大、一键生成动图和真人视频转AI等5款常用插件的参数原理与使用方法。

## 6.3.1　语义分割

语义分割（Segment Anything）插件的主要功能是通过对图像内容进行智能化解析，自动识别和分割图像中的各类对象。运用该功能插件，可以将人物、动物、物品和服饰等元素从背景或其他物体中精确分离，并将该区域转换为蒙版一键上传到局部重绘，节省了传统手动抠图所耗费的劳动时间。当需要对图像中比较复杂的结构进行抠图时，极大提高工作效率（图6-45）。

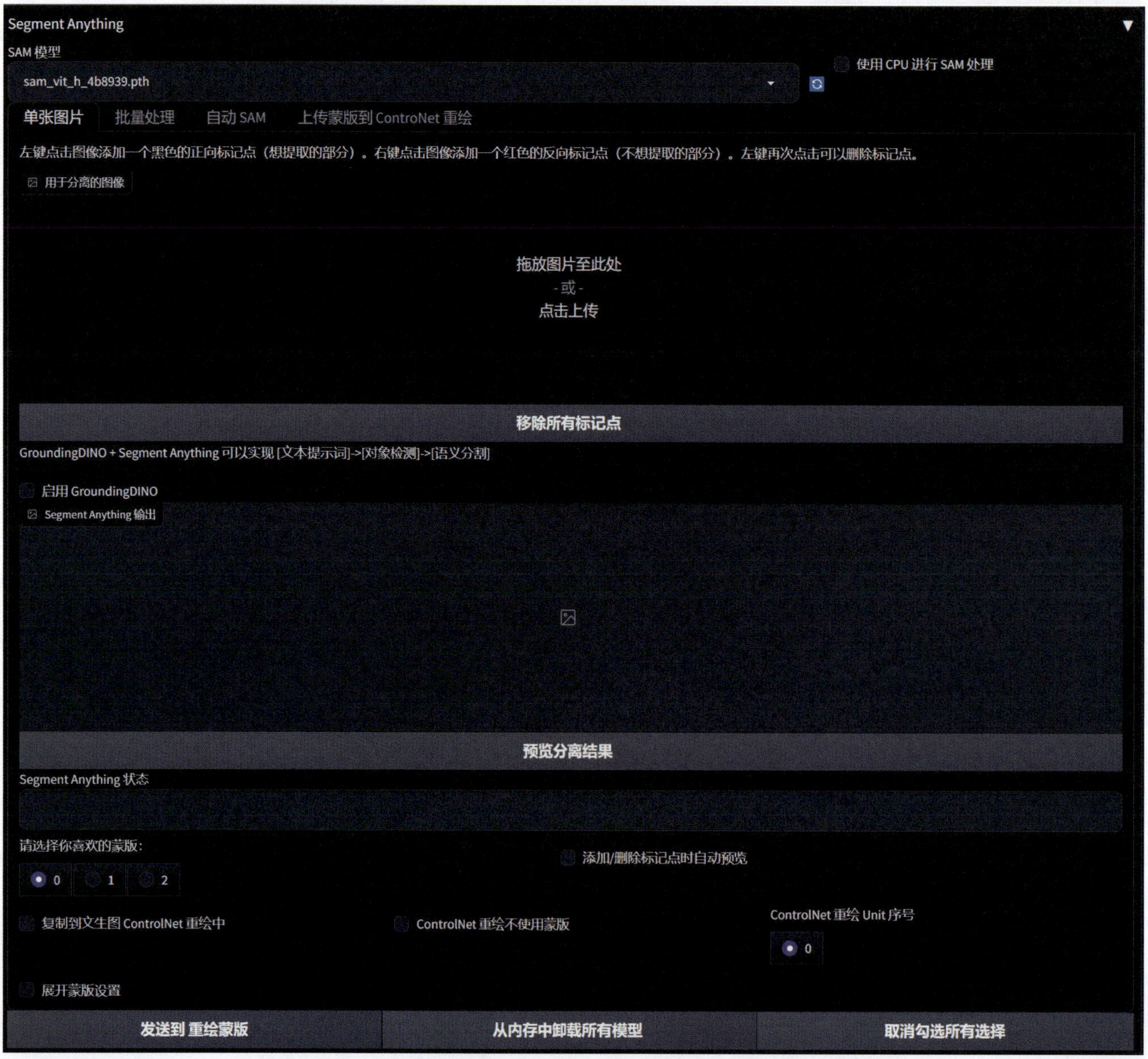

图6-45　语义分割界面

语义分割界面包含图片导入窗口与语义分割预览窗口，可以选择手动添加标记点或文本自动识别两种方式抠出图像中的物品

**1. 添加标记点分割图像**

展开Segment Anything面板,可以看到界面中出现两个窗口。上方窗口用于导入需要进行分割处理的原图,下方窗口在分割命令执行完毕后自动显示处理过后的黑白蒙版。

界面最上方的"SAM"模型指对图像内容进行分割的算法,菜单栏中提供了3种不同的神经算法模型,分别是"sam_vit_b_01ec64.pth""sam_vit_l_0b3195.pth"和"sam_vit_h_4b8939.pth"。其中,"sam_vit_b_01ec64.pth"规模最小;"sam_vit_l_0b3195.pth"次之;"sam_vit_h_4b8939.pth"最大。模型越大,意味着抠图的精确率越高,同时占用显存越多,生成速度也会相应变慢,可以根据计算机配置选择合适的模型进行下载。

打开Segment Anything板块界面,将1张事先生成好的花卉图片导入上方窗口,按照窗口上方的文本提示添加标记点,希望将花朵抠出,作为蒙版区域用于后续生成,枝干及背景去除,于是在花瓣内围打上黑色点,外围打上红色点,让两者区分开来(图6-46)。

打完标记点之后,来到下方窗口,点击窗口底部的"预览分离结果"按钮,即可预览到3种不同蒙版抠图效果,3张蒙版的序号从左往右分别为"0、1、2"。由于1号蒙版的效果比较符合预想,于是在"请选择你喜欢的蒙版"下方选中序号1,点击界面最下方的"发送到重绘蒙版"按钮,即可将其上传到重绘蒙版(图6-47)。虽然图片无法在窗口中显示,但依然生效,设置好重绘参数后点击"生成"按钮,即可查看重绘效果(图6-48)。

**2. 文本识别分割图像**

对于比较简单且颜色与背景能拉开较大差异的形状,手动添加标记点尚能获得比较好的抠图效果,如果形状过于复杂,使用这种方式很容易识别错误,此时采用GroundingDINO辅助会是更好的选择。

打开"图生图"下方的"Segment Anything"界面,图像上传完毕后,点击第2个窗口上方的"启用GroundingDINO",在模型下拉菜单中选择"GroundingDINO_SwinB(938MB)",想要将室内效果图中的沙发抠出,于是在下方的"GroundingDINO 检测提示词"输入框中输入"sofa",勾选"我想预览 GroundingDINO 的结果",会发现界面中多出1个窗口,点击"Generate bounding box",开始识别图像中的沙发造型(图6-49)。

识别完成后,即可看到识别效果。下滑界面来到最

**图6-46 手动添加标记点**
在图像上手动添加标记点引导Segment Anything识别,花朵内部标记黑点,周围标记红点

后一个窗口，点击"预览分离结果"按钮，选择喜欢的蒙版序号，勾选"Copy to Inpaint Upload & img2img ControlNet Inpainting"将其发送到"ControlNet"（图6-50）。

图6-47　预览分离结果
原图下方显示黑白蒙版图片，白色为蒙版区域，中间位置的蒙版抠图效果比较好，选择它作为重绘蒙版

图6-48　发送到重绘蒙版
将黑白蒙版图片上传到重绘蒙版界面用于生成，可以看到图像按照指定的蒙版区域生成了新的花朵形态

图6-49　GroundingDINO识别沙发
红色方框内为识别区域，GroundingDINO识别出了一个完整的沙发形态

图6-50　预览分离结果
预览分离结果，对第三张蒙版的效果比较满意，将其选中

由于这一次对蒙版边缘的识别度并没有那么好，于是勾选"展开蒙板设置"，勾选"复制到文生图ControlNet重绘中"，设定蒙版扩展量为20，点击"更新蒙版"按钮，扩充蒙版的边缘像素（图6-51）。

来到"图生图"界面上方，展开"ControlNet插件面板"，切换到"单元1"并勾选"启用"和"Crop input image based on A1111 mask"，控制类型选择"局部重绘"，预处理器选择"inpaint_global_harmonious"，输入提示词"sofa"，重新生成沙发。可以看到，Stable Diffusion严格按照指定的蒙版区域生成了新的沙发造型（图6-52）。

图6-51 蒙版扩展
原来的蒙版中有一些边缘部分没有被选上，设定蒙版扩展量为20像素，填充漏选区域

图6-52 ControlNet控制生图
蒙版导入到ControlNet，生成效果比重绘蒙版更好

以上介绍了利用语义分割Segment Anything插件进行扣图的操作流程，分别使用上传重绘蒙版和ControlNet两种功能实现图像的局部修改。利用Segment Anything插件进行抠图的方法，与徒手制作的图片蒙版相比，出图高效，调整更加灵活，是精准修图的不二之选。

### 6.3.2　面部修复

在Stable Diffusion中生成人物图像时，由于参数设置不当、使用低质模型和画面分辨率过小等原因，难免会出现面部、手部崩坏等情况。此时，可以利用面部修复（ADetailer）插件锁定崩坏区域，并对其进行自动修复。ADetailer插件的运行主要包括3个环节，即"定位修复位置""确定修复区域"和"对修复区域进行重新绘制与优化"，经过一系列操作，最终修复损坏的区域。

ADetailer面板中又包含"检测""蒙版处理"和"重绘"等3项功能面板，分别对应插件运行的3个环节，每个面板中包含诸多功能参数，以便使用者对修复过程进行更为严谨的控制（图6-53）。

输入提示词"1girl"，尺寸设为256×400，模拟生成全身图时面部所占区域较小，导致图像出现错乱的情况，得到1张面部绘制粗糙的低分辨率图像。固定其随机种子，展开"面部修复面板"，勾选"启用 After Detailer"，切换After Detailer模型到"face_yolov8n.pt"，点击"生成"按钮查看效果。可以发现原来人物面部中不合理的地方被自动修缮，五官也变得更加精致（图6-54）。

After Detailer模型的下拉菜单中提供了9种修复模型，按照处理部位的不同分为3大类别。

● face。主要用于处理面部细节。

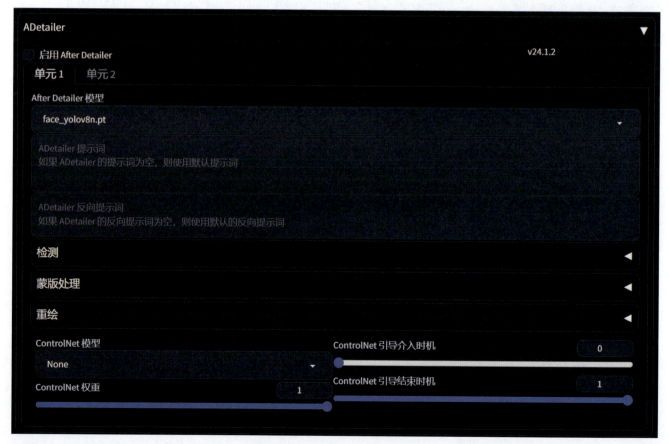

图6-53　ADetailer界面
ADetailer界面中提供了不同的修复模型供选择，还可以在提示词输入框中输入想要的面部效果，如输入wear glasses，可以让人物戴上眼镜

- hande。专注于对手部的优化。
- person。专门针对身体部位进行调整。
- deepfashion。可以同时修复面部和服饰（图6-55）。

（a）原图　　　　　　　　　　　　（b）修复图

**图6-54　面部修复效果**

原图人物的五官刻画比较草率，开启
ADetailer一键修复崩坏面部，五官的
形态得到细化，皮肤质感开始显现

（a）面部识别。蓝色方框代表识别区域，整个面部被识别出来；（b）面部修复。只对面部进行修复，五官的扭曲形态得到改善；（c）全身识别。识别了人物全身的范围，用蓝色区域表示；（d）全身修复。对人物进行全身修复，面部虽然得到了改动，但是修复效果不明显

**图6-55　不同部位修复**

在处理技术方面，这些模型又可分为两个类别。

- YOLO。这种算法能够识别多种物体，适合于二次元图像的检测。

- MediaPipe。专为面部检测而设计，经过优化大大提升了性能和准确度，适合于写实风格的图像。

文件名中的数字代表模型版本，紧随版本号之后的字母"s""n""m"，揭示了模型规模的差异。

- s（small）。模型体积较小。

- n（nano）。模型体积更小。

- m（middle）。模型体积适中。

在MediaPipe模型中，模型名称中的下划线之后跟随"full""short""mesh""mesh_eyes"等4个不同的模型。

- full。检测点更多，因此能够捕捉到更多的面部特征，适合多人场景的面部修复。

- short。检测点相对较少，适用于单人场景的面部修复。

- mesh。在面部添加的检测点呈网状分布，从而实现全方位和立体化的面部检测，这一模型特别擅长面部表情的分析。

- mesh_eyes。专注于眼部区域的检测，为眼部修复提供了更加细致入微的解决方案（图6-56）。

## 1. 检测

检测面板包含以下几项参数，均以滑动条的形式出现。

- 检测模型置信阈值。指所需的最低置信分数，Detailer检测时，被识别到的人脸上方显示置信度分数，当该值设为0.9时，置信度分数为0.8的人脸不再被检测到，如果是单人图像，设定为默认的0.3即可，若图像中出现了多人面部，需提高数值。

- 仅处理最大的前k个蒙版区域（0=禁用）。和"检测模型置信阈值"含义类似，只不过"检测模型置信阈值"用于检测阶段，"仅处理最大的前k个蒙版区域（0=禁用）"用于修复阶段，如果图像中出现5张脸，将该值调为1，Detailer就只会对所占面积最大的脸部进行修复，将该值调为5，则5张脸全部进行修复。

- 蒙版区域最小比率/最大比率。用于控制修复范围，当最小比率为1或最大比率为0时，面部修复功能不起作用，如果觉得面部修复区域太大，

（a）mediapipe_face_full。检测点分别分布在眼睛中心、鼻头、嘴唇和耳朵的位置，对其进行精准识别；（b）mediapipe_face_full相比右眼处少了一个检测点，但区别并不是特别明显；（c）mediapipe_face_mesh。网格覆盖在脸部区域，模拟出脸部的立体结构；（d）mediapipe_face_mesh_eyes_only。只检测到眼睛部位，用红色方框表示

图6-56 脸部修复

可将最小比率拉大，最大比率拉小，来缩小修复生效范围（图6-57）。

## 2. 蒙版处理

蒙版处理中的各项参数很好理解。

- 蒙版 X 轴（→）偏移。控制修复区域在图像中的 X轴位置。
- 蒙版 Y 轴（↑）偏移。控制Y轴位置，如将X轴设为+90，就是将修复区域向上移动90个单位。
- 蒙版图像腐蚀/蒙版图像膨胀。控制修复区域的

外扩与缩小（图6-58）。

## 3. 重绘

重绘面板中包括重绘阶段需要用到的参数。

- 重绘蒙版边缘模糊度。与局部重绘中的同名参数效果一致。
- 局部重绘幅度。指对重绘区域的改动幅度，大部分参数都可以参考前文图生图设计的相关内容（图6-59）。

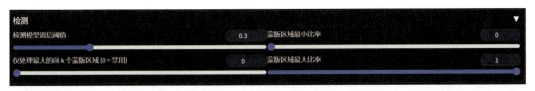

图6-57　检测

检测面板中的4项参数均以滑动条的形式出现，主要是对蒙版数量的控制和对蒙版范围的调节

图6-58　蒙版处理

蒙版处理中的包括蒙版偏移、蒙版缩放等参数，一般保持默认

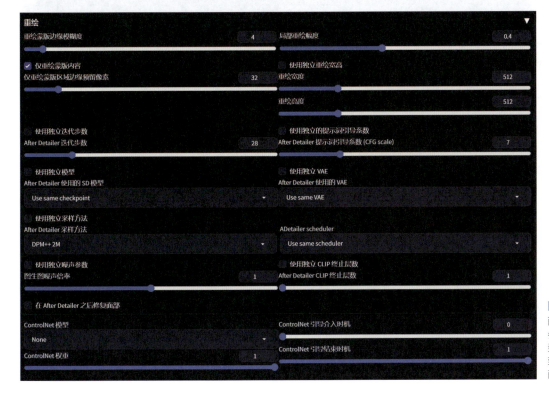

图6-59　重绘

面部修复过程中所用到的各项参数，包括迭代步数、修复模型等默认与生图参数保持一致，需要调整时直接修改重绘面板中的参数即可

### 6.3.3 分块放大

尽管高清修复和后期处理等常规方法颇具效用，但由于计算机显存容量的限制，这些方法往往难以实现图像输出的稳定性。分块放大（Tiled Diffusion / Tiled VAE）插件的加入，为图像处理带来了革命性的突破，实现了图像分辨率的飞跃性提升，从512至2K、4K乃至6K级别，同时显著减轻了显存负担，在保留原图特征的基础上丰富了细节。

分块放大的工作原理是将整幅图像划分为多个易于处理的小区块。对这些区块分别进行绘制后，再通过先进的拼接算法实现无缝整合，从而有效减轻人工智能绘制图像时面对的计算压力。在这一过程中，Diffusion与VAE各自承担不同的任务，Diffusion负责图像的扩散处理，而VAE负责编码，两者协同作用。

可以先将512×512像素的低分辨率图像导入图生图参考图窗口，将重绘幅度调整至0.3，防止因数值过高出现错乱。

勾选"Tiled Diffusion"和"Tiled VAE"两个插件。来到"TiledDiffusion面板，"方案"下拉菜单中提供选项，选择"MultiDiffusion"作为放大方案，"潜空间分块宽度/高度"指图像分块大小，保持默认，"潜空间分块重叠"保持在宽度的30%~50%，避免分块之间过渡生硬。勾选"保留输入图像大小"，"放大倍数"调为4。

"分块单批数量"指一次性处理的分块区域，追求速度保持默认4，显存不够的话改为1。下方的"噪声反转"可以有效控制图片原来的结构不受干扰，同时也会增加生成时间，在图片放大倍数较高时选择开启（图6-60）。

Tiled VAE板块不需要太大变动，在生成时出现显存不足时应适当减小编码器区块大小，Tile尺寸过小导致图像出现灰暗或不清晰的情况时启用编码器颜色修复功能。通过这些调整来优化图像生成的质量与效率（图6-61）。

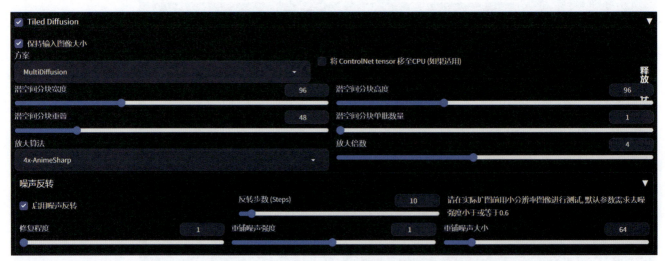

图6-60 Tiled Diffusion
Tiled Diffusion控制扩散过程中的各项参数，指定将图像发送到潜空间中放大时所用到的参数

图6-61 Tiled VAE
Tiled VAE控制编码过程中的各项参数，指定将图像发送到像素空间时所用到的参数

（a）放大前。图像放大前整体细节模糊，单纯的尺寸放大会损失很多细节；（b）放大后。图像放大4倍的处理效果，分辨率扩大的同时图像整体的饱和度提高。色块边缘得到锐化处理，使图像中的物体轮廓更加清晰，眼睛、头发的细节大幅度增强

图6-62　图像放大效果

图6-63　安装animatediff

输入网址，除在Stable Diffusion本地安装外，还可以直接点击该网址下载animatediff压缩包，或是在扩展中选择"可下载"，点击"加载自"，输入animatediff点击安装，下载完成后，即可在文生图界面找到该插件

采用以上参数将低分辨率图片放大4倍，查看生成效果（图6-62）。

## 6.3.4　一键生成动图

自Stable Diffusion开源以来，许多开发者陆续发布了能够制作视频的功能插件。其中一键生成动图（animatediff）以丝滑流畅而著称，接下来示范使用animatediff制作简短动图的操作流程。

### 1. 安装animatediff

在扩展选项卡中输入网址"https://github.com/continue-revolution/sd-webui-animatediff"，点击"安装"，应用更改并重启（图6-63）。

### 2. 下载模型

前往"https://huggingface.co/guoyww/animatediff/tree/main"，下载mm_sd_v15_v2.ckpt动画模型，将其放入根目录下方的"extensions-sd-webui-animatediff"文件夹（图6-64）。

### 3. 填入提示词

输入提示词"((bestquality)), ((masterpiece)), ((realistic)), (detailed), (1girl) women, hoodie, upperbody, portrait, long hair, bangs, greyeyes, lookingatviewer, pinkhair, solo, detailedbackground, town, alley, darkalley, windows › 绘画 (E:) › sd-webui-aki-v4.8 › extensions › sd-webui-animatediff › model

| 名称 | 类型 | 大小 |
| --- | --- | --- |
| .gitkeep | GITKEEP 文件 | 0 KB |
| mm_sd_v15_v2.ckpt | CKPT 文件 | 1,775,282 KB |

图6-64　下载模型
该路径中必须有一个动画模型，否则无法处理动画，除该模型之外，还可以下载其他动画模型

（a）提示词。后续将使用该参数生成动图，尺寸不宜过大，设为比较常规的尺寸768×512；（b）生成图。提前预览图像生成效果，经过调整提示词最终得到比较满意的画面效果

图6-65　填入提示词

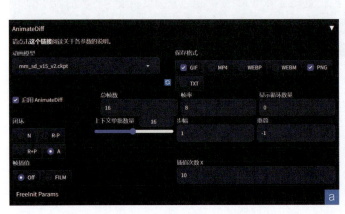

（a）控制人物姿态设置。通常情况下只需要调整总帧数和保存格式，animatediff支持导出. mp4、webp等格式，闭环这里根据喜好开启，选择N即可关闭动图闭环；（b）生成动画。点击"生成"按钮后，绘图查看区逐步显示每一帧的画面，等待读条完毕后即可预览到动画效果

图6-66　ControlNet控制人物姿态

portrait, night, closeup"，大模型选用"ReVAnimated_v122_V122.safetensors"，迭代步数设为25，开启面部修复插件，先生成1张图像查看效果（图6-65）。

### 4. 开启animatediff

展开animatediff插件面板，勾选"启用animatediff"，保存格式选择.gif与.png，总帧数改为16，帧率保持默认的8，生成2秒动图，8帧/秒，"闭环"选择A，表示视频收尾相连，其余参数保持默认，点击"生成"按钮，就能生成2秒动图（图6-66）。

### 6.3.5 真人视频转AI

真人视频转AI中的ControlNet m2m是一个脚本，可以根据导入的视频生成新的视频内容。

#### 1. 允许控制

点击设置选项卡，在"图像保存"目录中，勾选"允许其他脚本控制此扩展"之后保存设置并重载UI（图6-67）。

#### 2. 生成提示词

准备1个5秒的真人视频，截取其中1帧导入到图生图界面反推提示词，将提示词稍加修改后复制到文生图提示词输入框（图6-68）。

#### 3. 开启ControlNet

来到"文生图"界面中的ControlNet板块，启用两个ControlNet单元，将视频截图分别导入。单元1

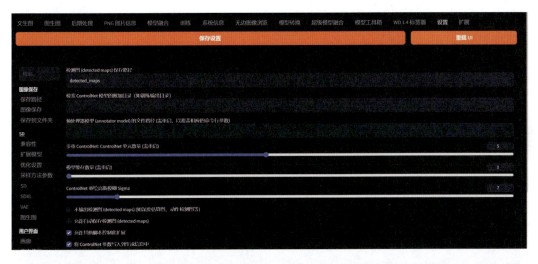

图6-67 允许控制

勾选该选项，否则ControlNet m2m无法将从视频中截取出来的图片发送到ControlNet

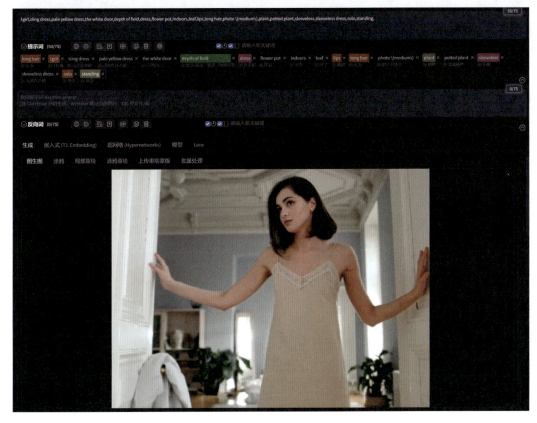

图6-68 生成提示词

将视频截图导入图生图参考图窗口，点击反推按钮以图片内容为基础生成提示词

的控制类型选择OpenPose，预处理器选择openpose_hand，单元2的控制类型选择Depth，控制权重改为0.5，预处理器选择depth_zoe，最后选择1个动漫大模型，开启面部修复防止图像损坏，点击"生成"按钮，查看效果（图6-69、图6-70）。

## 4. 生成视频

固定随机种子，在脚本中找到"ControlNet m2m"在面板中导入4秒视频，回到上方界面点击"生成"按钮，开始将视频切帧，逐张生成图像。生成完毕后，打开图片存放路径即可预览（图6-71）。

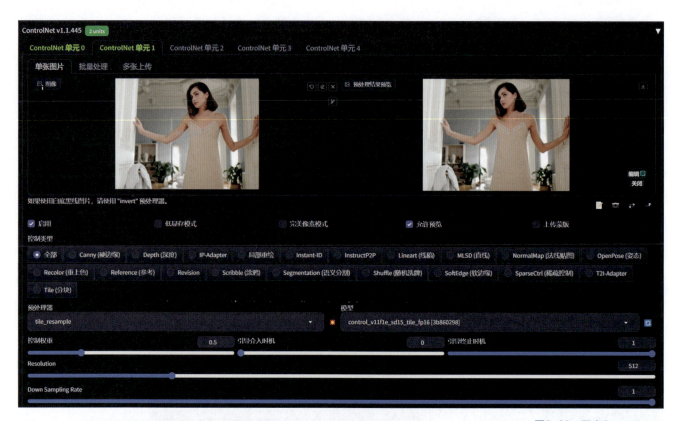

图6-69　开启ControlNet
OpenPose的控制权重不宜过大，否则容易出现低饱和度的画面效果

图6-70　生成效果
生成后的效果基本还原了视频中真人的姿态与外貌服饰

（a）导入视频。导入长度为几秒钟的视频，其余参数保持默认；（b）生成图像。ControlNet m2m自动将视频内容切帧处理，逐张生成

图6-71　生成视频

（a）原图。这里用到的采样方法为Euler a，提示词为"mhighres, absurdres, many girls, school_uniform"，迭代步数为25，由于模型质量和图像分辨率的限制，画面中的多个人物出现脸部崩坏；（b）修复图。将原图导入到图生图界面，开启面部修复，放大倍数设为2，重绘幅度为0.4，大模型选择majicmixRealistic_v6，再次进行生成，图像质量得到了明显优化

图6-72　校服女孩生成图

# 6.4 设计案例：高级功能与插件出图

合理运用Stable Diffusion中的高级功能与插件，能使图片质量出现质的飞跃。下面通过4个实际案例来对操作技巧进行讲解，为读者提供参考。

## 6.4.1　优化人物面部

在生图过程中，由于参数设置不当或分辨率过低等原因，有时出现人物面部损坏的情况，十分棘手。此时，启用面部修复插件、图生图重绘等功能就是很好的解决方法，不需要太多繁杂的参数设置就能够快速优化图像。在"图生图"界面中导入多人场景生成图，图像的原始分辨率为768×512，开启面部修复重新生图（图6-72、图6-73）。

## 6.4.2　线稿一键上色

无论是还是纸绘还是数码板绘，要想得到1张效果比较精致的完成图稿，往往都需要耗费较多的时间和精力。随着Stable Diffusion的不断进化，ControlNet的出现为艺术家们带来了革命性的改变，只需导入手绘线稿

（a）原图。这里用到的采样方法为Euler a，提示词为"mhighres, absurdres, many girls, overalls"，迭代步数为25，由于模型质量和图像分辨率的限制，画面质量偏低；（b）修复图。将原图导入到图生图界面，开启面部修复，放大倍数设为2，重绘幅度为0.4，大模型选择majicmixRealistic_v6，再次进行生成，服装材质、五官及头发的质感都得到了很好的提升

图6-73　职场女孩生成图

图片进行控制，即可一键为手绘线稿进行上色，快速成图，让创作变得更加高效与便捷。

　　自行绘制或上网下载1张二次元黑白线稿，导入ControlNet窗口，启用"ControlNet"，控制类型选择"lineart（线稿）"，预处理器选择"lineart_standard（from white bg & black line）"，保证白底黑线图能够被有效识别，点击"爆炸"按钮预览，生成线稿后提取线稿图（图6-74）。

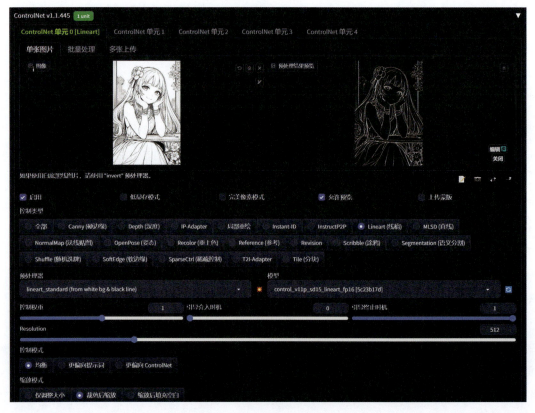

图6-74　ControlNet参数设置

线稿导入ControlNet参考图窗口，记得将参考图大小发送到图片生成尺寸，防止不良效果的出现

提示词留空，点击"生成"按钮，让Stable Diffusion自由发挥，得到两张着色图像。图像虽然基本还原了原图的人物造型，但是画面效果并不突出，缺少质感（图6-75）。

将图片导入图生图参考图窗口，重绘幅度设置为0.5，再次进行生成，最后使用后期处理将缩放比例设置为3倍，图像质量大大提升（图6-76）。

图6-75 线稿一键上色

（a）黑白线稿；（b）低饱和配色；（c）红白配色。随机生成，查看同张线稿两种不同的配色方案，虽然着色效果已经基本体现，但是单色平涂的效果给人的观感不够丰富，图象质量需要进一步提升

（a）低饱和配色图优化。将低饱和配色图导入到图生图再次生成，相比原图增加了更多细节，如头发高光、衣裙褶皱和眼睛质感的细化，完成度更高；（b）红白配色图优化。将红白配色图导入到图生图再次生成，相比原图增加了眼睛细节，同时周边配景质量也得到了提升

图6-76 图生图优化

### 6.4.3　人物姿态控制

　　将一张人物动作参考图导入ControlNet，勾选启用和允许预览。控制类型选择"openpose"，想要生成同款姿态的二次元人物，预处理器选择"openpose_hand"，点击"爆炸"按钮预览效果，识别图中人物的肢体动作与手指形态（图6-77）。

　　通过观察可以发现识别出的人体骨骼图与动作参考图并不完全匹配，如人物右手手掌未能识别完全，与手腕相分离，这时点击"预处理结果"预览窗口右侧的"编辑"按钮，进入到"SD-WEBUI-OPENPOSE-EDITOR"界面（图6-78）。

**图6-77　导入ControlNet**
选择了一张侧卧姿势参考图导入ControlNet界面，查看预览效果

**图6-78　编辑动作**
面对比较复杂的动作，openpose预处理器的识别并不是非常精准，这时需要进入该界面对人体骨骼进行手动调整

在右侧的姿态控制面板下的"person6"下拉选项中找到Right Hand，点击"×（删除）"（图6-79a）。之后重新添加右手，将当前姿态发送到ControlNet（图6-79b）。

添加完全新的右手形态后，并不能直接对其姿势进行调整，先点击右上角的"发送姿势到ControlNet"，回到ControlNet界面，再次点击"编辑"进入"SD-WEBUI-OPENPOSE-EDITOR"界面，此时手指关节可以进行活动，拖动关节节点，对姿态进行修改（图6-80）。

姿态调整完毕后，再次将其发送到ControlNet，回到文生图界面上方，输入提示词"highres, absurdres, a girl, white hair"，生成指定姿态的二次元人物造型。为了防止生成扭曲形态的手指，添加修手Lora，并开启"高分辨率修复"（图6-81）。

（a）删除右手。点击叉号删除人物右手骨骼；（b）添加右手。点击"添加右手"添加新的右手骨骼

图6-79 编辑动作

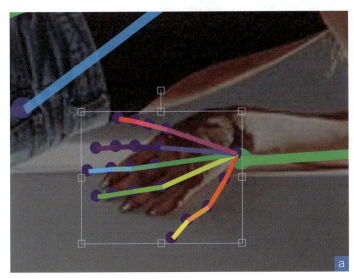

（a）调整手指。得到完整的右手形态，将右手摆放到合适的位置，与手腕对接上；（b）调整动作。对身体其他部位的姿态进行调整，如延长双脚长度，移动左手位置等，防止出图时产生不良效果

图6-80 编辑动作

图6-81 姿态控制生成图

（a）短裙；（b）连衣裙；（c）长裤。添加了"修手Lora"生成的3张二次元人物图像，都保持在ControlNet设置的侧躺姿势。由于生成人物全身时非常容易崩手，这里使用了手部修复Lora，如果画面还是出现了不可控的崩坏，需要将其发送到图生图界面进行重绘，调整手部的同时进一步提升细节，可以有效解决问题

### 6.4.4 人物位置分区控制

在文生图界面中，开启"Tiled Diffusion"和"Tiled VAE"，启用"分区提示词控制"（图6-82）。

打开"提示词分区控制"下拉菜单，点击"创建文生图画布"，启用"区域1"，将画布中的红色方块拉伸放大，在"正向提示词"输入框中输入"a girl,white shirt, black short hair, smile, sit on the grass, looking at viewer"（图6-83）。

启用"区域2"，类型选择"背景"，将画布中的橙色方块拉伸放大，范围要与区域1有部分重叠，在"正向提示词"输入框中输入"a girl,dress, long blonde hair, sit on the grass, looking at viewer"（图6-84）。

启用"区域3"，类型选择"背景"，将画布中的黄色方块拉伸放大，覆盖整幅画布，"提示词"留空（图6-85、图6-86）。

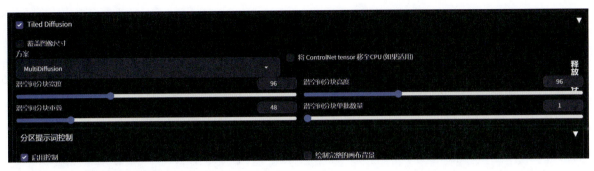

图6-82 启用分区提示词控制

打开分区提示词控制下拉面板，勾选启用控制，否则该功能不起作用

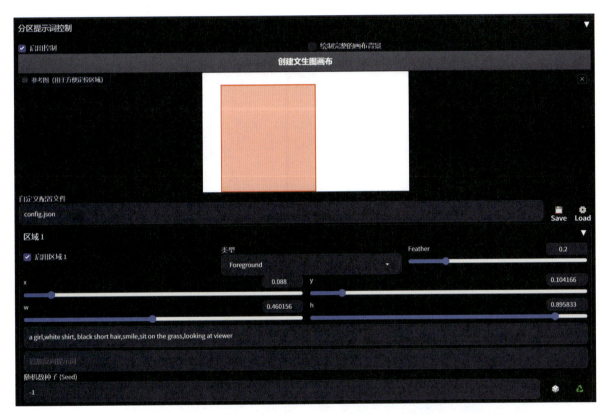

图6-83 启用区域1

对第1个区域的生成内容进行指定，调整区域范围时，既可以直接拉伸方形区域，也可以在下方调整方形的宽高以及其在x轴、y轴中的位置

图6-84 启用区域2

对第2个区域的生成内容进行指定，同样设定女孩的外貌、服饰和行为动作

图6-85  启用区域3

区域3用来绘制背景，如果不启用该区域的话，程序只会在上面两个区域内绘制图像

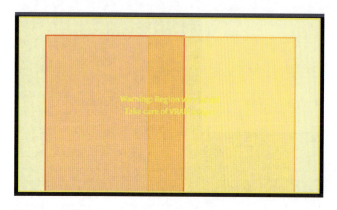

图6-86  区域效果

3个区域添加完成后，回到上方的空白画布，检查区域所占的面积大小与位置是否正确，避免出现失误

在"文生图——提示词"输入框中输入"highres, absurdres, 8k, city, garden, blue sky, cloud, butterfly,"尺寸设为1920×1080，用于绘制背景，迭代步数改为30，这里使用模型AWPainting_v1.2.safetensors，点击"生成"按钮（图6-87）。

提示词改为"highres, absurdres, 8k, city, garden, starry_sky, grasslands, many tents"，固定随机数种子，开启"openpose"控制人物姿态，再次点击"生成"按钮（图6-88、图6-89）。

图6-87  生成效果

"文生图——提示词"输入框中的内容用于指定背景内容，可以看到两个女孩分别处于之前指定区域的正中心位置，人物与画面的融合效果非常好，并没有出现不和谐的地方

图6-88 发送到ControlNet
对这张生成图的效果比较满意，希望下一张生成图也保持同样的效果，于是将其发送到ControlNet识别人物动作

图6-89 生成效果
花园背景变为星空背景，人物依然保持原来的姿态，只有衣着服饰和面部表情发生了轻微变化，光照方向从右上方来光变为左上方来光

## 本章小结

通过运用各种插件功能，能够进一步完善生图质量，提升作品的品质和观赏性，有效突破Stable Diffusion的创作瓶颈。本章主要介绍Stable Diffusion中主要的功能插件的使用方法与实用技巧，对操作流程进行详细讲解，对功能原理进行深入分析，旨在为读者建构起对于各个功能插件的认知体系，为创作之路注入无限可能。

## 课后练习

（1）对图片进行高清放大的方式有哪几种？彼此之间有何区别？

（2）怎样使用语义分割插件进行抠图？

（3）怎样使用面部修复优化人物面部？

（4）分块放大的工作原理是什么？

（5）实践操作：使用ControlNet中的Lineart为线稿进行自动着色，生成3～5种配色方案。

（6）实践操作：使用ControlNet中的OpenPose生成3～5张指定姿势的人物。

（7）实践操作：使用Tiled Diffusion中的提示词分区控制功能生成2～3张高分辨率图像。

# 第 7 章
# 案例设计制作解析

识读难度：★★★☆☆

核心概念：视觉传达设计、数字媒体设计、服装设计、园林景观设计、工艺品设计

图7-1　3D风人物生成图

**本章导读**

　　Stable Diffusion的实际用途远不止供人娱乐或提供创意，还成为了帮助使用者快速实现创意的可靠工具，可以有效拓宽艺术创作的边界。接下来将会通过实际案例，对其制作过程及生图参数进行讲解，让读者领略到AI绘画的魅力，掌握这项技能（图7-1）。

# 7.1 视觉传达设计

Stable Diffusion AI绘画在视觉传达设计中的应用日益广泛，设计师开始尝试利用AI技术，以提升设计效率和创造力。下面将示范写实摄影照片、商业插画设计与艺术字设计等实际案例的生成例图，解析操作流程与生成参数。

### 7.1.1 写实摄影照片

在摄影领域，AI绘画生成技术逐渐成为一股新势力，大量摄影作品投入训练使大模型能够学习人物摄影的规律与技巧，进而生成具有逼真细腻效果的人物摄影照片。使用Stable Diffusion文生图功能，通过对主题人物、构图、风格和色彩等相关摄影元素的控制与调节，可以接近零成本生成符合要求的摄影照片，高度真实的画面效果与超强可控性帮助使用者节省实地拍摄所消耗的时间成本与设备成本（图7-2）。

（a）黑衣模特。用到的大模型为AWPortraitWW，提示词为"highres, absurdres, 8k, a young woman, European, upper body, in an studio setting, red silk dress, brown hair is wet and tousled, edgy, dramatic, Tfashion, Look in the camera"。画面中的年轻女性微笑着注视镜头，独特的体积光照烘托出强烈的氛围感；（b）红衣模特。用到的大模型为AWPortraitWW，提示词为"highres, absurdres, 8k, a european woman, brown curls, black shirt, dress, smiling gaze, cowboy_shot, see lens, rim light"。生成身穿丝绸礼服的时尚模特，红色色调在画面中占有支配地位，充满现代感与前卫感；（c）朦胧感摄影。用到的大模型为SDSW1.1，提示词为"highres, absurdres, 8k, clear, lookingattheviewer, red hair, fluffy hair, freckles, blush, yellow butterfly, many butterflies, light makeup, morning sun shine, high quality, sun, available light, sitting posture, close-up, dreamlike, mixes realistic and fantastical elements, magic effect"。在提示词中加入了柔和光线、光晕等提示词，宛如进入童话梦境，给人一种朦胧复古的感觉

图7-2 写实摄影照片

## 7.1.2　商业插画设计

　　商业插画多为扁平画风，其优势在于其高度的概括性和传达力，在电商平台的商品展示、开业广告、海报设计等领域，这种风格的插画能够迅速吸引消费者的注意力，传递出产品的核心价值。使用相关大模型与Lora生成商业插画风图像，能够在设计时快速满足客户在各种场景下的使用需求，通过实际应用助力设计师更好地服务于市场和企业（图7-3）。

（a）公园锻炼。用到的大模型为基础模型XL _xl_1.0，提示词为 "highres, absurdres, A girl and a boy are riding bicycles in the park. On both sides of the picture are big trees, in a meadow, flowers, cities in the distance, tall buildings, blue sky"。Lora为CJ_illustration丨商业扁平插画_v1.3。生成公园场景，适合作为广告插图；（b）办公空间。用到的大模型为基础模型XL _xl_1.0，提示词为 "highres, absurdres, a woman is working, business attire, office space, potted plants, windows, desks, simple_background"。生成办公空间场所，简洁有力地传达主题；（c）骑车青年。用到的大模型为基础模型XL _xl_1.0，提示词为 "highres, absurdres, A boy and a girl,a couple on a motorcycle, girl holding boy, Driving, no Backpack, no bag, Illustration, Flat Illustration, Gradient llustration, urban background, City background"。生成青年男女骑车场景，颜色鲜亮明快；（d）城市场景。用到的大模型为基础模型XL _xl_1.0，提示词为 "（best quality），（Masterpiece），Modern City, buildings, Plant, Flowers, Illustration, Flat Illustration, Warm Colors, Illustration"。Lora为CJ_illustration丨商业扁平插画_v1.3。表现城市景观，弧形构图突出主体

图7-3　商业插画设计

### 7.1.3 艺术字设计

日常生活中，经常可以在各大网络平台上浏览到各种效果丰富的艺术字制作图像，看似复杂，其实制作方法非常简单，利用ControlNet插件即可轻松实现。

生成艺术字之前，首先需要准备生成需要用到的文字素材，打开Photoshop或Illustrator 等制图软件，选择一款比较中意的字体，选择笔画较粗的类型，这里选择一款书法字体，用来制作24节气宣传海报（图7-4）。

将做好的文字素材上传ControlNet，令生图尺寸和参考图尺寸保持一致。勾选"启用"和"允许预览"，"控制类型"选择"Lineart"，先不开启"完美像素"模式，将"Resolution"值调整到1500左右，点击"爆炸"按钮预览，此时文字的边缘轮廓被非常准确地提取出来（图7-5）。

**图7-4 素材准备**
（a）打开Photoshop或Illustrator等设计制图软件，新建空白画布并在其中打入用于制作艺术字的文本，为了表现中国传统的24节气，这里应用一个书法字体；
（b）将文本栅格化并放大，以便于识别置于画面中心的位置，导出文本素材

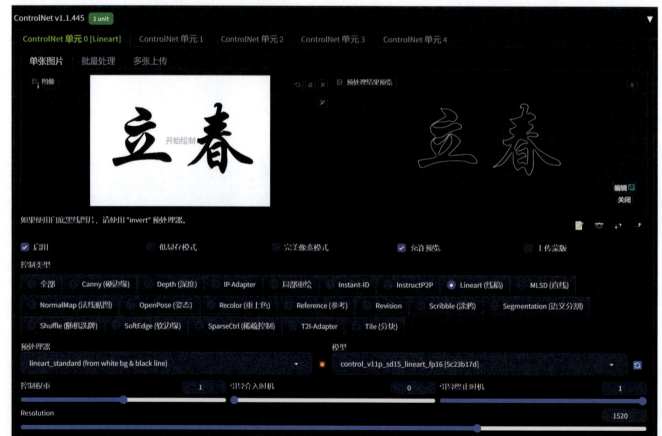

**图7-5 上传ControlNet**
Lineart能够从上传图像中提取出精细线稿，当然也可以采用Scribble或Depth等控制类型，能够起到固定字体形态的作用即可

回到"文生图"界面上方输入提示词，这里输入的提示词的结构为"字体材质"，如粉色玻璃、磨砂玻璃等；场景元素，如户外、草原、河流、花朵等；风格要求，如字体艺术、奇幻风格、3D风格等，如果想要空间感立体感比较强的效果，加入关键词"景深"，最后输入一些通用的质量提示词完成。大模型选择

"ReVAnimated_v122_V122.safetensors"，采用2个3D电商Lora用于控制画面风格和1个用于增加花朵质感的Lora，点击"生成"按钮（图7-6）。

生成质量较好的效果图后，开启"高清修复"将其尺寸扩大至2倍，同时深化细节。继续尝试其他字体生成艺术字，得到下图效果（图7-7）。

**图7-6 书写提示词**
Lora对最终生成效果起到的作用较大，这里采用风格控制Lora和细节增强Lora，注意权重不要设置得太高，维持在0.8左右即可

（a）立春艺术字。提示词为"pink frosted glass material,pink crystal,outdoor, grassland, river, water, pink flowers, sky, clouds, fantasy,（font art: 1.2），3D, 3D scenes,（Masterpiece: 1.2）"。生成以粉色为主色调的艺术字效果图，花朵元素的添加与众多材质的表现丰富了画面效果；（b）谷雨艺术字。提示词为"transparent glass, outdoors, spring, green, pink, small stream water, green valley,（sakura1.2），branches, trees,（font art: 1.2）impressionism, masterpiece, best quality,（Masterpiece: 1.2）"。生成以绿色为主色调的艺术字效果图，透明艺术字很好地体现出节气特征；（c）大寒艺术字。提示词为"blue frosted glass material,Outdoor, blue crystal,frozen rivers, ice and snow, snowflakes, ice crystal,blue sky,（font art: 1.2），fantasy, 3D, 3D scenes,（Masterpiece: 1.2）"。生成以蓝色为主色调的艺术字效果图，带有棱角的字体表现冰块材质，令人感到侵骨寒意；（d）秋分艺术字。提示词为"orange glass, frosted glass material,（font art: 1.2），Outdoor, fallen leaves, butterfly,（Masterpiece: 1.2）"。生成以橙黄色为主色调的艺术字效果图，橙色透光玻璃体材质的字体宛如秋日暖阳

**图7-7 艺术字生成**

# 7.2 数字媒体设计

数字媒体设计是一种将创意与技术相结合的设计形式，它涵盖了平面设计、动画设计、影视制作等多个领域。Stable Diffusion AI绘画在数字媒体设计领域中的应用频率较高，该技术的加入，使数字媒体设计的技术水平得到了显著提升。设计师可以更加高效地完成创作，提高作品的质量，为该行业带来了无限创意。

## 7.2.1 真人照片生成二次元头像

真人照片生成二次元头像，是指保留真人照片的基本特征，如肤色、脸型、发色，将二次元风格与真人特征相结合，进行风格迁移，从而实现头像定制。之前的章节中提到过画风转换相关案例，在Stable Diffusion中，不止图生图，使用ControlNet也可以做到同样的效果，并且能够更好地保留画面关键信息。

真人照片上传到ControlNet，控制类型选择Tile（分块），因为要实现画风转换，控制权重调到0.5，生成二次元而非真人比例的面部（图7-8、图7-9）。

图7-8 卷发人物

（a）真人照片。提示词为"highres, absurdres, 8k, 1girl, brown eyes, brown hair, long hair, curly hair, depth of field, lips, black coat, blurry background, warm background, looking at viewer, solo, upper body"；（b）二次元头像。由于输入了相关提示词，生成图在原图的基础上增加了一些服装上的细节，让图片更加精致耐看

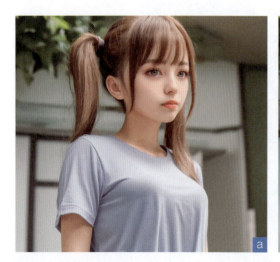

图7-9 双马尾人物

（a）真人照片。提示词为"1 girl, lavender shirt, grey eyes, twintails, natural light, upper_body"；（b）二次元头像。很好地还原人物的神态表情与发型衣着，相比原图，二次元生成图的饱和度和明度均有所提高，更加清爽

### 7.2.2　2.5D动漫人物

2.5D画风介于写实和二次元画风之间，保留纯粹鲜明色彩对比的同时又具有真实细腻的画面质感，多用于游戏插图设计。想要生成2.5D特定风格的画面效果，最重要的是大模型的选择，在各大网站平台上搜索可以直接下载。输入关键词描述想要得到的人物和其所处的场景就能实现较好效果，也可搭配Lora生成特定角色（图7-10）。

### 7.2.3　科幻场景设计

科幻题材插画通常以科幻文学、电影、游戏等作品背景为基础，通过独特的视觉语言呈现科幻世界的神奇与魅力，要求创作者具备丰富的想象力和创新能力，常

见的科幻题材包括太空探索、未来都市、科幻生物等。Stable Diffusion擅长生成这种现实中不存在的事物，通过输入提示词，软件能够轻松将脑海中的想象以视觉图像的形式呈现出来，体现出丰富的视觉效果。这里使用的大模型为基础算法_XL，Lora为时间虫洞-科幻场景SDXL（图7-11）。

### 7.2.4　二维码特效设计

在当今时代，传统的二维码设计往往显得较为单一，通过Stable Diffusion的辅助能够将其进行创新性的转变，使其形态不再拘泥于传统模式。利用AI生成的二维码格外引人注目，在提升品牌知名度方面具有显著效果。利用这项技术，私人定制能够生成独特二维码，产生商机。

（a）金发女孩生成图。提示词为"（（bestquality）），（（masterpiece）），1girl, gray hoodie, blue eyes, upperbody, portrait, blonde hair,（unilateral bangs），（closed mouth），lookingatviewer, solo, detailedbackground, town, alley, portrait, night, closeup"；（b）红发女孩生成图。提示词为"（best quality），（（masterpiece）），（highres），illustration, original,extremely detailed, 1girl, solo, long hair, red hair, blue eyes, science fiction, lips, suit"；（c）银发女孩生成图。提示词为"（best quality），（（masterpiece）），（highres），illustration, original, extremely detailed, 1girl,solo, blue eyes, lips, silver hair, Side ponytail, gown, business_suit, summer_uniform"

图7-10　2.5D动漫人物

（a）橙色宇航服。提示词为 "insanely detailed, masterpiece"。一幅描绘外太空场景的插画，身着橙色宇航服的宇航员登陆星球，背景是璀璨的星空，高对比的颜色搭配给人以视觉上的强烈震撼；（b）白色宇航服。提示词为 "insanely detailed, masterpiece, abstract 3D design, cinematic lighting, weightless astronaut, white spacesuit, moon, some white flowers, dark background, universe, planet, debris"。身着白色宇航服宇航员走进花丛，黑灰白无彩色的运用营造出一种肃穆感与宁静感；（c）未来城市。提示词为 "Future City, High Speed Train, Shanghai Landmark, Picture Book Illustration, Futurism, Bright Colors"。一幅描绘未来城市的插画，列车穿越高楼林立的未来城市，创造出科幻与现实的交融之感

图7-11 科幻场景设计

首先需要下载插件qrcode，用来生成二维码。来到扩展选项卡，在可下载中加载扩展列表，搜索 "qrcode-toolkit"，安装插件，完成之后点击应用更改并重启（图7-12）。

图7-12 安装插件
qrcode用于改变二维码的形态，使其更好地融入生成内容

图7-13 下载模型
qrcode_monster和brightness不是整合包自带模型，需要额外下载

图7-14 二维码转网址
需要先获取二维码网址，这里使用草料二维码生成器将手机中的二维码截图转换成网址的形式

其次是安装两个需要用到的ControlNet模型，qrcode_monster和brightness，模型下载地址分别为 https://huggingface.co/monster-labs/control_v1p_sd15_qrcode_monster/tree/main和https://huggingface.co/ViscoseBean/control_v1p_sd15_brightness/tree/main，将这两个地址放入根目录下的/models/ControlNet（图7-13）。

找到一个二维码解码平台，上传用于制作特效的二维码素材，将二维码转换成网址的形式进行复制（图7-14）。

回到Stable Diffusion，来到QR Toolkit界面，将二维码网址粘贴，接下来使用内置参数调整二维码的形状。Error Correction中有L/M/Q/H四个层级，层级越高二维码越复杂，为便于融入图片选择最简单的L，Mask Pattern选择一个分布均匀的样式，并旋转180°。把原先锐利的方块调成圆润的圆形，与图片的融合度比较好，Pixel Size分辨率拉到最高，Scale调到1.05（图7-15）。

将制作好的二维码图像上传到ControlNet，启用两个ControlNet单元，控制类型均不选择。"单元0"的模型选择control_v1p_sd15_qrcode_monster，控制权重调整到1.1，确保生成出来的二维码能够被扫描识别；"单元1"的模型选择control_v1p_sd15_brightness，该模型的主要功能是增强图像的明暗对比，进一步增加二维码识别度，"控制权重"调整为0.3，"引导介入时机"改为0.65，"结束介入时机"改为0.9。

回到"文生图"界面上方输入提示词，点击"生成"按钮（图7-16、图7-17）。

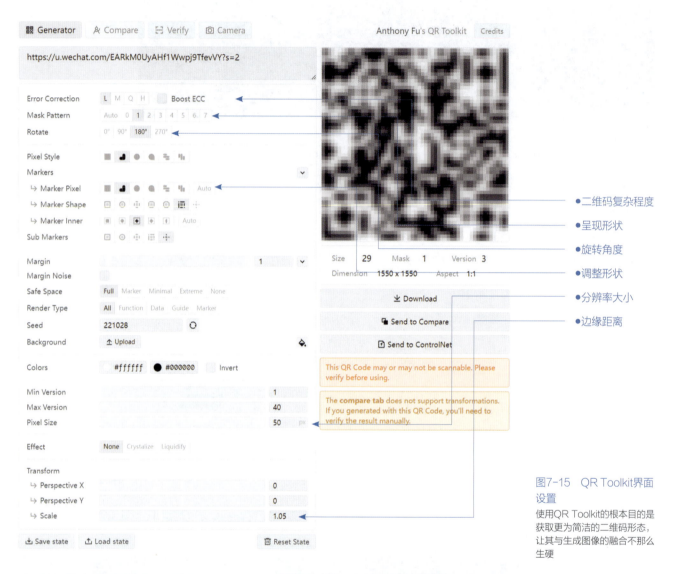

图7-15　QR Toolkit界面设置

使用QR Toolkit的根本目的是获取更为简洁的二维码形态，让其与生成图像的融合不那么生硬

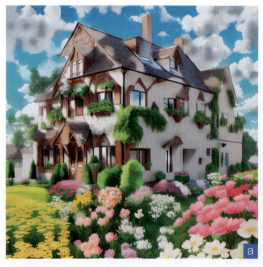

图7-16　房屋插画融合二维码

（a）生成素材为笔者微信二维码，提示词为"a house, flowers, blue sky and white clouds, highres, absurdres"；（b）通过房屋墙壁上的裸砖与前景处的花圃隐约可见二维码的形态，二者之间的融合十分巧妙

# 7.3 服装设计

Stable Diffusion具有强大的数据库支持，通过使用不同大模型和lora，能够在设计中加入时尚趋势、流行元素等信息。这为设计师提供了丰富的设计灵感，有助于拓宽设计思路，打破传统设计的局限。AI绘画服装设计可以根据消费者的喜好、身材、场合等因素，为其量身定制独一无二的服装。这有助于满足消费者日益多样化的需求，提升购物体验。

### 7.3.1 服装模特试穿图设计

在时尚产业中，AI绘画术的应用无疑为设计师们提供了强大的工具，使得创作过程更加高效、便捷。通过大量真人照片的投入训练，可以直接实现从人台图到模特上衣图的自动转换。在这个过程中，AI会利用计算机视觉技术对人台图进行分析，提取关键特征，再结合模特的体型、姿态等因素，生成真实模特试穿效果图。

准备人台素材1张，图片精度尽量高。上传到Segment Anything，启用GroundingDINO输入检测提示词"clothes"，抠出黑白蒙版发送到图生图上传重绘蒙版（图7-18）。

图7-17 人物插画融合二维码
（a）提示词为"highres, absurdres, 1girl, portrait, indoor, dress, long hair, solo, window"；（b）人物的裙摆位置变化出许多花纹斑块，背景物品的组合在无意识中构成能够被识别的二维码

（a）Segment Anything参数设置。手动抠图耗时较长，应用Segment Anything插件自动提取服装造型，省时省力；（b）黑白蒙版。精准提取服装区域并转换为黑白蒙版，将其发送到图生图上传重绘蒙版开始下一步操作

图7-18 生成黑白蒙版

来到上传重绘蒙版界面，输入提示词"1 girl"，"蒙版边缘模糊度"开到6，"蒙版模式"选择"重绘非蒙版内容"，"蒙版区域内容处理"改为"填充"，"重绘幅度"拉到1，具体参数参考图7-19。

开启面部修复，来到ControlNet面板，启用两个ControlNet单元。分别在两个ControlNet窗口中上传人台图素材，"单元0"控制类型选择openpose，"预处理器"选择openpose_hand，提取人物姿势（图7-20）。"单元1"控制类型选择Depth，"预处理器"选择depth_zoe，"权重"调到0.2，最后点击"生成"按钮，查看出图效果（图7-21）。

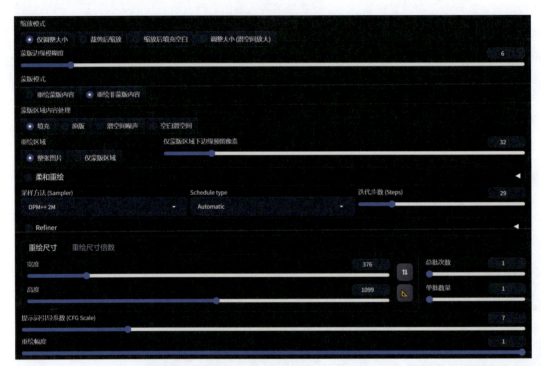

**图7-19　上传重绘蒙版界面界面参数**

选择重绘非蒙版内容，保留服装款式，模特重新生成

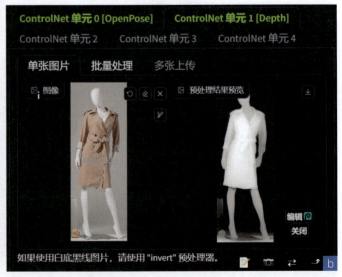

（a）启用openpose。openpose提取出的人物姿态偶尔会出现不准确的情况，这时点击编辑，对骨骼图稍作调整；（b）启用Depth。Depth权重保持在0.2～0.3，不宜太高，作为openpose的补充完善人物的肢体形态

**图7-20　ControlNet界面参数**

（a）卡其色风衣。生成模试穿特卡其色风衣，效果非常真实；（b）优雅短裙。生成人物全身图时，很容易出现手脚扭曲的情况，生成之后将图像发送到图生图局部重绘重新生成崩坏部位，并启用修手Lora修正人物的手脚部位；（c）粉色连衣裙。生成模特试穿粉色连衣裙，实现理想效果

图7-21　人台图生成模特试穿图

### 7.3.2　鞋子设计

随着消费者对个性化需求的不断提升，AI绘画技术在鞋子设计中的应用越来越受到重视。设计师可以根据消费者的喜好，选择不同的图案、材质、颜色等，实现真正的个性化定制。AI绘画技术为鞋子设计带来了更多的可能性，设计师可以与艺术家、科技公司等进行跨界合作，运用AI绘画技术创作出更具创意和科技感的鞋子作品（图7-22）。

### 7.3.3　箱包设计

Stable Diffusion AI绘画技术的出现为时尚产业带来了巨大变革。凭借程序强大的创意生成能力，不仅能够凭空生成超高质量的箱包造型，还能将创意图案、纹理、颜色等元素应用到箱包上，从而实现个性化、独特的设计效果，供设计师选择，节省大量的人力物力投入，降低设计成本，并推动时尚产业创新发展（图7-23）。

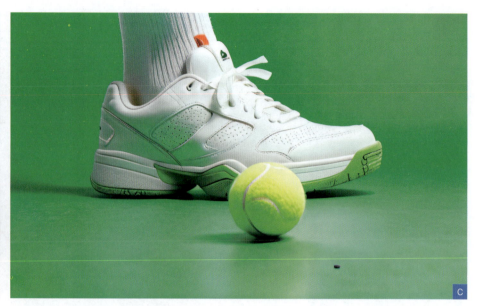

（a）黑色运动鞋。使用大模型juggernautXL_v9，提示词为"masterpiece, 8K, shoes, tennis ball, sneakers, no humans, Grassland, Flowers, racket, black footwear"；（b）红色高跟鞋。提示词为"masterpiece, 8K, Women's Shoes, shots, no humans, still life, masterpiece, 8K, Flowers, red shoes"；（c）白色球鞋。提示词为"masterpiece, 8K, shoes, tennis ball, sneakers, no humans, still life, ball, green background, racket, white footwear"

图7-22　鞋子设计

（a）暗黄色帆布包。使用大模型juggernaut XL_v9, Lora为帆布包电商图，提示词为"E-commerce product image, empty background, yellow canvas bag"；（b）红色帆布包。提示词为"E-commerce product image, empty background, red canvas bag, next to a book, and some flowers"；（c）绿色帆布包。提示词为"E-commerce product image, empty background, green canvas bag, next to a book, and some flowers, sunflower"；（d）明黄色帆布包。提示词为"E-commerce product image, empty background, yellow canvas bag, next to some plants"

图7-23　箱包设计

# 7.4　建筑与环境设计

传统的建筑设计过程中，设计师进行平面图绘制、软件建模、出图渲染时往往需要消耗大量的时间和精力，并且成效较慢。而使用Stable Diffusion AI绘画则可以在短时间内生成高质量的效果图，无疑为设计师在设计过程中面临的难题提供了一种高效、便捷的解决方案。

## 7.4.1　建筑线稿自动着色

利用ControlNet中的线条类控制类型，仅提供简单的手绘草稿就能一键生成堪比现实照片的效果图方案，让设计师快速预览到设计效果，提高工作效率20倍以上。

准备1张建筑设计草图，刻画无需太精细，表现出建筑的大致形态即可（图7-24）。将其上传至ControlNet，"控制类型"选择"Scribble"，其余参数保持默认，点击"启用"后，根据图片内容填写相关提示词，点击"生成"按钮（图7-25）。

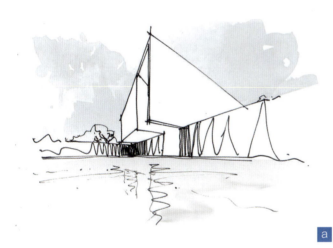

（a）草图素材。上传ControlNet的手绘建筑草图，线条概括性、抽象性较强；
（b）参数预览。对于表现上比较潦草的建筑草图，控制类型选择Scribble会更好，这样在生图过程中就只会识别建筑的大致形态，并自动对图中的细节进行补足

图7-24　上传ControlNet

（a）树木效果图。两张效果图使用的提示词为"buildings on the water, exhibition hall, modern architecture, sky, the glass curtain wall extends to both ends of the picture"；（b）楼房效果图。在原图的基础上对建筑的结构与环境的细节进行了补充，水面波纹与玻璃幕墙的质感十分真实

图7-25　出图效果

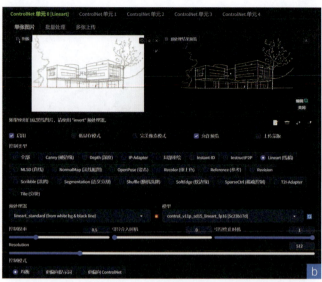

（a）线稿素材。上传ControlNet的手绘建筑线稿；（b）参数预览。对于绘制比较精细的建筑线稿，控制类型选择lineart或canny会更好，"控制权重"调为0.5是为了防止线稿对画风产生干扰，权重如果太高则无法生成现实中立体的建筑外观

图7-26　上传ControlNet

（a）无人教学楼。提示词为"teaching building, double-deck building, modern architecture, no human, trees, landscape, city, sky"；（b）多人教学楼。提示词为"teaching building, double-deck building, modern architecture, many humans, trees, landscape, city, sky"

图7-27　出图效果

准备1张更加详细的手绘线稿（图7-26），同样上传到ControlNet，"控制类型"选择"Lineart"，"预处理器"选择"lineart_standard (from white bg & black line)"，"控制权重"改为0.5，其余参数保持默认，点击"启用"后，根据图片内容填写相关提示词，点击"生成"按钮（图7-27）。

### 7.4.2　室内空间设计

对于设计师而言，室内空间毛坯房生成精装修可以为客户提供多种装修设计方案，让其快速预览户型装修后的效果，再根据其需求高效展开后续工作。

实地拍摄1张毛坯房照片，将其上传至ControlNet，"控制类型"选择"Segmentation"，"预处理器"选择"seg_ofade20k"，点击"爆炸"按钮，预览到处理结果，可以看到空间中的各个区域被自动识别并处理成不同的色块，点击处理图右上方的"下载"按钮，将语义分割图下载，保存到本地计算机（图7-28）。

根据设计的需求找到对应的家具图片下载，这里选择盆景、沙发、茶几效果图各一张。同样将图片上传ControlNet，"控制类型"选择"Segmentation"，处理成对应的语义分割图后并进行下载（图7-29、图7-30）。

**图7-28　毛坯房生成语义分割图**
将毛坯房照片上传ControlNet参考图窗口，生成语义分割图

**图7-29　选择图片**
在网络上找到想要的家具展示图片，家具的形态要完整地体现在图片中

**图7-30　家具图片生成语义分割图**
利用Segmentation将家具展示图片处理成语义分割图，同样下载保存到本地

将其上传到Photoshop等设计制图软件使用魔棒工具抠出需要的家具色块，放入不同的图层。在Segmentation中，每种物品都有其对应的色彩，如沙发为蓝色色块，抱枕用黄色色块表示，如果想要添加指定物品，也可以徒手绘制，表现出想要添加的物品形状（图7-31）。

将色块抠图上传到1个文件，调整每样物品的大小及空间位置，成为1张完整的室内效果图。将图片

导出并再次放入ControlNet，"控制类型"依然选择"Segmentation"，"预处理器"选择"none"，也就是不再对上传图片进行预处理，控制权重改为0.85，在界面上方写入描述室内空间设计风格与物品特征的提示词（图7-32）。

将生成图像调整到合适的尺寸，点击"生成"按钮，得到两张室内设计效果图（图7-33）。

图7-31　抠出家具形状
使用各种制图软件将语义分割图中想要的家具形态抠出放入空白图层

（a）合成图片。使用各种制图软件将语义分割图中想要的家具形态抠出放入空白图层，对形状进行调整；（b）上传ControlNet。合成图再次上传Control-Net，不经过预处理直接生图

图7-32　合成图上传ControlNet

（a）精装修效果图1。提示词为"living room, highres, absurdres, wall-paper"。Lora为ASTRA现代风起居室。茶几呈较封闭状态，沙发背后的墙面为成品装饰墙板，整体为简约风格；（b）精装修效果图2。相同的提示词与Lora，茶几呈较开放的状态，沙发背后的墙面为成品壁纸，整体虽然为简约风格，但是细节与精装修效果图1有所不同

图7-33　生成效果

### 7.4.3　园林景观设计

　　资深设计师完成1张标准设计效果图的图像处理大约需要1小时。面对大型项目，设计师则有必要在三维建模软件中实现场地的精确还原，设计周期在3～5天，甚至更长。这时，使用Stable Diffusion生图是很好的选择，无论是基于文字出图还是针对既有景观效果的提升与革新，抑或是主题公园还是小区住宅的设计渲染，都能够很好完成。通过这一系列技术操作，不仅提升了设计效率，也为景观改造提供了新的可能性（图7-34）。

（a）园林景观特写。提示词为"garden lights, spherical light fixtures, plant bed, evening, landscape design, path lighting, decorative lighting, urban garden, soft focus background, bokeh lights, greenery, twilight, modern design, LED lighting"。大模型为基础算法_v3, Lora为wawa-景观 v0.5；（b）阴天出图效果。提示词为"Garden, street lamp lighting, day, flower, plant, garden landscape, landscape design, city garden, soft focus background"；（c）晴天出图效果。提示词为"Garden, Monstera deliciosa, tree, outdoors, day, forest, plant, road, sunlight, garden landscape, landscape design, city garden, soft focus background"

图7-34　园林景观设计

# 7.5 工业设计

工业设计是指在产品开发过程中，通过对产品外观、结构、功能等方面的综合考量，使产品更具人性化、美观性和实用性的设计活动。Stable Diffusion应用于工业设计，不仅能够根据设计师的需求快速生成大量创意素材，应用于产品外观设计、包装设计、广告设计等多个领域。还可以用于产品模拟与展示，帮助设计师更好地预测产品的实际效果。通过计算机生成的虚拟图像，设计师可以直观地了解产品在不同环境、角度下的视觉效果，为产品改进提供依据。

## 7.5.1 日用家电

传统的电器设计需要大量的时间和人力成本。而AI绘画可以在短时间内生成大量设计方案，根据需求进行筛选和调整，节省了设计周期，实现设计方案的批量生产，降低生产成本，从而提高企业的竞争力。还可以根据客户要求，通过Lora的训练制作快速生成效果精美的电商海报，一键调配合适的灯光场景，无需实物拍摄和建模渲染（图7-35）。

（a）电饭煲生成图。提示词为"a rice cooker is placed on the kitchen table"。使用大模型majicMIX realistic 麦橘写实_v7，Lora为产品电商场景-小家电；（b）搅拌机生成图。提示词为" a blender on the coffee table，next to the fruit"；（c）洗衣机生成图。提示词为"Washing machine embedded in wardrobe, balcony, transparent curtain, available light, cabinet, ceiling window, 3D, C4D, 8k, masterpiece, top quality, transparent glass texture, studio lighting"。使用大模型majicMIX realistic 麦橘写实_v7，Lora为电商大家电场景

图7-35 日用家电

## 7.5.2 交通工具

通过输入关键词和模型选择，可以一键生成汽车宣传广告，只需要提供汽车产品的外观即可自动配置合适的场景与光照，彰显出汽车品牌的高端气质（图7-36）。

（a）高山场景。提示词为"A moving car,（white car: 1.5），human viewpoint, Ray tracing, best quality, masterpiece, Mountain, blue sky"；（b）森林场景。提示词为"A moving car,（white car: 1.5），human viewpoint, Ray tracing, best quality, masterpiece, woods, road in the woods, blue sky"；（c）公路场景。提示词为"A moving car,（white car: 1.5），Road, human viewpoint, Ray tracing, best quality, masterpiece"

图7-36 交通工具

### 7.5.3 玉石工艺品

各大网站平台上已经有专门用于制作玉石工艺品的模型与Lora，能够根据用户的喜好、需求以及市场趋势，快速生成具有创意和独特性的作品，为玉石工艺品的设计提供了丰富的素材。Stable Diffusion将根据用户输入的关键词、风格、主题等要求，生成理想的展示效果，也可以直接将设计手稿转换为实物。

将1张玉坠设计线稿上传ControlNet，"控制类型"选择"Lineart"，"预处理器"选择"Lineart_standard（from white bg & black line）"，"控制权重"改为0.8，在界面上方输入相应提示词，点击"生成"按钮（图7-37～图7-39）。

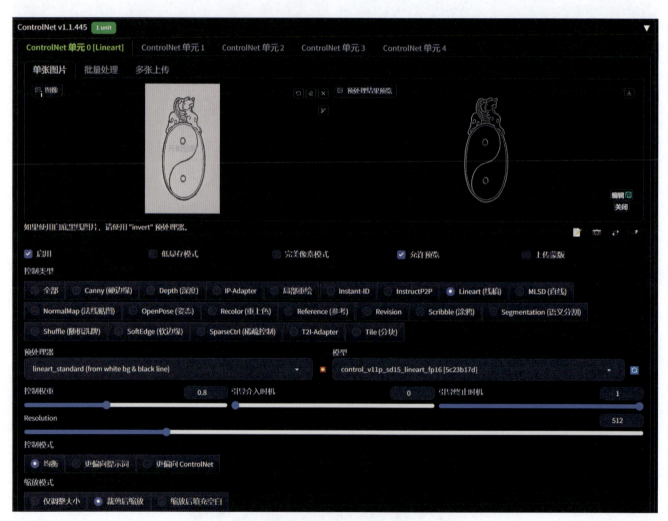

图7-37　上传ControlNet
使用Lineart，精准提取出吊坠设计手稿中的线条

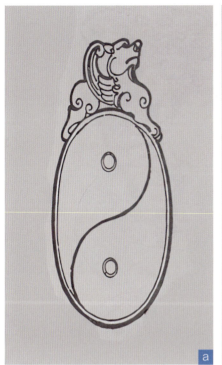

（a）设计手稿。设计手稿中的线条轮廓尽量清晰，便于识别；（b）白底背景。提示词为"close-up, An abstract jade decoration, The material is jade, jade, green jade, white simple background"。Lora为玉石工艺雕刻；（c）绿色背景。提示词为"close-up, jade decoration, The material is jade, baiyu"

图7-38 手稿转实物

（a）玉石吊坠。提示词为"masterpiece, best quality, caiyu, jade material, white jade, jade carving, jade Pendant, no_humans, red_background, simple_background, bottle, still_life, Lora为彩玉caiyu"；（b）蝉形玉雕。提示词为"Masterpiece, caiyu, jade material,orange, jade carving, cicada, black_background, chain, no_humans, simple_background, grey_background, still_life"；（c）人形玉雕。提示词为"Masterpiece, caiyu,jade material,jade carving, no_humans, simple_background, grey_background, still_life"

图7-39 玉石工艺品

### 本章小结

Stable Diffusion不仅能够可生成具有创意和艺术性的图片，为设计行业带来新的创作灵感，给使用者带米更为丰富的视觉体验，还具备线稿出图、自动渲染、特效制作等实用功能。本章进一步总结Stable Diffusion设计技巧，介绍该技术给各行业带来的影响与变革，同时列举大量优秀生成案例，详解操作流程，帮助读者掌握这一技术。

### 课后练习

（1）怎样使用真人照片生成二次元头像？

（2）怎样使用毛坯房照片生成精装修效果图？

（3）怎样使用人台图照片生成服装模特试衣图？

（4）怎样利用线稿生成工艺品实物效果图？

（5）实践操作：选择喜欢的主题制作2～3幅特效艺术字。

（6）实践操作：运用插件制作3～5幅特效二维码。

（7）实践操作：利用controlNet实现建筑线稿自动着色，生成3～5例配色方案。

## 参考文献

［1］龙飞. Stable Diffusion AI绘画教程［M］. 北京：化学工业出版社. 2024.

［2］许建锋. AI绘画：Stable Diffusion从入门到精通［M］. 北京：清华大学出版社. 2023.

［3］楚天. Stable Diffusion AI绘画从提示词到模型出图［M］. 北京：清华大学出版社. 2024.

［4］韩泽耀、袁兰、郑妙韵. AIGC从入门到实战：ChatGPT+Midjourney+Stable Diffusion+行业应用［M］. 北京：人民邮电出版社. 2023.

［5］孟德轩. Stable Diffusion AIGC绘画实训教程［M］. 北京：人民邮电出版社. 2023.

［6］雷波. Stable Diffusion人工智能AI绘画教程：从娱乐到商用［M］. 北京：化学工业出版社. 2024.

［7］魏文勇. 室内设计新方式：AI创造理想家 Stable Diffusion AI绘画教程［M］. 石家庄：河北科学技术出版社. 2024.

［8］余飞. 零基础做画师：AI绘画入门教程［M］. 石家庄：河北科学技术出版社. 2024.

［9］Paper 朱. AI绘画教程 Stable Diffusion技巧与应用［M］. 北京：人民邮电出版社. 2023.

［10］谷哥. 人工智能 AI绘画从入门到精通：文案+绘画+摄影+电商广告制作［M］. 北京：化学工业出版社. 2023.

## 教学视频链接

共485分钟